U0397080

Foundations of Responsive Caregiving

Infants, Toddlers, and Twos

婴幼儿回应式养育理论

［美］Jean Barbre　著

牛君丽　译

中国轻工业出版社

图书在版编目（CIP）数据

婴幼儿回应式养育理论／（美）琼·芭芭拉（Jean Barbre）著；牛君丽译. —北京：中国轻工业出版社，2020.6（2023.9重印）

ISBN 978-7-5184-2841-0

Ⅰ . ①婴…　Ⅱ . ①琼… ②牛…　Ⅲ . ①婴幼儿－哺育－研究　Ⅳ . ①TS976.31

中国版本图书馆CIP数据核字（2019）第297503号

版权声明

Foundations of Responsive Caregiving: Infants, Toddlers, and Twos
by Jean Barbre
Copyright © 2013 by Jean Barbre, EdD
Published by arrangement with Redleaf Press c/o Nordlyset Literary Agency through Bardon-Chinese Media Agency
Simplified Chinese translation copyright © 2020 by Beijing Multi-Million New Era Culture and Media Company, Ltd.
ALL RIGHTS RESERVED

责任编辑：林思语
策划编辑：戴　婕　　　　　责任终审：腾炎福
责任校对：刘志颖　　　　　责任监印：吴维斌

出版发行：中国轻工业出版社（北京东长安街6号，邮编：100740）
印　　刷：三河市鑫金马印装有限公司
经　　销：各地新华书店
版　　次：2023年9月第1版第2次印刷
开　　本：880×1230　1/24　印张：8.25
字　　数：84千字
书　　号：ISBN 978-7-5184-2841-0　定价：48.00元
读者热线：010-65181109，65262933
发行电话：010-85119832　传真：010-85113293
网　　址：http://www.chlip.com.cn　http://www.wqedu.com
电子信箱：1012305542@qq.com
如发现图书残缺请拨打读者热线联系调换
190296Y2X101ZYW

·译者序·

　　正如本书作者琼·芭芭拉（Jean Barbre）所说：当今社会，幼儿与专业幼儿照料者相处的时间越来越多，甚至超过了在家里和父母待在一起的时间。包括幼儿园在内的早教机构越来越多地承担起养育新生代的责任，而高品质的专业早教人员，则肩负起了父母对培养全面发展的孩子的热切期盼。社会对幼儿照料者的要求也不可避免地提升到了前所未有的高度和难度。为了培养全面发展、身心健康的幼儿，照料者不仅要性情温和、有爱心和耐心，还要全面了解幼儿身心发展的专业知识，明白幼儿成长过程中出现的各种现象的原因，且要身怀各种行之有效的养育技能，以便因材施教。

　　我曾与幼儿园合作多年，为幼儿园提供幼儿教育咨询和培训。在与幼儿园交往的过程中，我常常被幼儿教师们对幼儿教育理论的渴求所感动。他们那么渴望了解和引用幼儿教育的先进理念，无论工作事务多么繁重，他们的工作计划中总有业务培训的份额；无论多么繁忙，他们总要挤出时间参加早教培训和研讨会；无论多么疲累，他们总是热情高涨地参与每一个新理论的实践活动。

　　他们常常如饥似渴地问：还有什么我们尚未接触的幼教理论吗？我们现存的问题，是哪方面理论的缺失呢……在培训过程中，他们最常问的问题是：如何将理论与实践相结合？给我一个实操例子，让我可以照搬应用！

《婴幼儿回应式养育理论》（*Foundations of Responsive Caregiving: Infants, Toddlers, and Twos*）和《婴幼儿回应式养育活动》（*Activities for Responsive Caregiving: Infants, Toddlers, and Twos*）刚好可以满足他们在理论和实践两方面的需求。这两本书由同一个作者所著，一本是回应式早教理论基础的介绍，对幼儿的生理、社会性－情绪、认知和语言这四大发展领域的相关基础理论做了全面的介绍，深入浅出，利于理解和掌握，让幼儿照料者对早教的各种现象达到既"知其然"，又"知其所以然"的境地；另一本是与此对应的幼儿照料实操手册，根据不同年龄幼儿的成长发育特点，借助《婴幼儿回应式养育理论》所涉及的基础理论，设计了101个可以轻松操作的游戏活动，帮助幼儿照料者轻松地将先进的早教理念落实到日常照料工作中，有效地帮助幼儿实现四大领域的全面发展。

我必须得由衷地说：这两本书确实会给早教专业人员，包括幼儿园教师、早教机构照料者以及幼儿父母提供不可或缺的帮助！

牛君丽

2019 年 9 月

· 致　谢 ·

　　我要感谢那么多人支持我完成本书的写作。首先是我的丈夫，感谢你对我的爱和支持。数月以来，你不介意我在餐桌上堆满了书籍，为我做饭，使我有时间进行写作。感谢我的女儿金（Kim）和凯特（Kat），是你们持续让我看见努力工作和不断奉献的成果，你们这些年来对我的爱改变了我。感谢我的母亲、兄弟、姐妹，你们倾听我的诉说，分享我写本书的兴奋之情，也为我取得的成就感到快乐。感谢我的朋友们，感谢你们对本书表现出来的慷慨鼓励和兴趣。你们中有些人，从项目开始就和我在一起，另一些人于中途加入，与我同行；我非常感谢你们所有人，也特别珍惜你们的友谊。我要特别感谢我的朋友斯泰西·迪布尔－雷诺兹（Stacy Deeble-Reynolds）允许我给他的家拍照。也感谢我的朋友和同事们，感谢他们允许我给他们的漂亮的孩子们拍照。

　　感谢奥兰治海岸学院（Orange Coast College）的哈利和格蕾丝斯·蒂尔儿童中心（Harry and Grace Steel Children's Center）以及海特苏·戴梅恩家庭儿童保育中心（Hatsue Damain Family Child Care Center）的工作人员——感谢你们允许我拍摄你们让人惊叹的儿童照料项目。你们承诺为孩子们提供高品质照料，这一点从孩子们的笑脸上就能一目了然。特别感谢肖恩·托马斯（Shawn Thomas）的摄影和创意，很高兴和你一起为这本书的诞生而努力。感谢斯科特·格雷（Scott Gray）博士、金和凯特，感谢你们阅读本书的初稿，并给我提出了反馈和指导。

感谢雷德利夫出版社（Redleaf Press）的奉献精神和辛勤工作。编辑珍妮·恩格尔曼（Jeanne Engelmann）和凯拉·奥斯滕多夫（Kyra Ostendorf）的帮助使本书的写作充满了乐趣。戴维·希思（David Heath）为我提供了早期支持，并让我有机会与他人分享我关于婴幼儿的看法。出版社的创意团队明白需要什么来加强这本书的内容和可读性。

最后，我要感谢众多每日都在照料幼儿的人，你们致力于关爱最小的孩子，为他们的福祉而努力，这种精神值得赞扬。无论你是刚刚进入早期保育和教育领域的学生，还是已经开始照料幼儿的从业者，希望你们都能发现本书不仅有用，而且实用。

致读者：愿你们永远记住，你们所做的一切将改变孩子们的生命。

· 目 录 ·

引　言

　　学前教育工作者都知道，学前教育及保育场所无比嘈杂又让人兴奋不已。0—3岁正是幼儿精力充沛、浑身是劲儿、不停运动的阶段。婴幼儿的情绪瞬息万变，几分钟之内，可以由伤心难过转变为轻松愉快，又由喜笑颜开转变为涕泗滂沱。他们喜欢腻在成年人的怀抱中，听着故事安然入睡。只要他们仰起头，咧开还没有长出牙齿的嘴巴冲你粲然一笑，你的心顷刻间就融化了。在这个世界上，再没有什么比幼儿更让人感到甜蜜珍贵的了。他们深深地牵动着你的心，让你时刻充满干劲，无论多么疲累，只要看到他们快乐迷人的样子，你便心满意足，一切困难和烦扰顷刻间烟消云散。他们天真无邪，对世界充满好奇，带给你无穷的喜乐和盼望，激发你无尽的灵感，让你心甘情愿竭尽所能地为他们提供最好的照料和养育。

　　后天养育对0—3岁儿童的影响特别大，他们的智力、社交、情感和身体的发展与照料者的养育分不开。幼儿的各种技能是否能得到充分发展，未来的人生是否能获得成功，很大程度上取决于照料者对他们的养育，在这个过程中，作为照料者，你的责任极其重大。如果你认为这样说责任还不够重，那么请记住，幼儿在未来能否与他人建立健康的关系，

与你现在和他们建立的关系休戚相关。

养育儿童

"照料者（caregiver）"一词通常指除父母或监护人之外的任何一个照看幼儿的成年人，无论照看的时间长短。专业的儿童照料者不满足于做一名普通的"保育员"，你立志做一名"回应式（responsive）"照料者，积极地与被照料的幼儿建立良好的养育关系。幼儿的身心健康和情感发展几乎完全取决于照料者对他们的养育，他们需要照料者用适合他们发展阶段的方式对他们的需求做出快速及时的回应。

除此之外，"回应式照料者"肩负着更多的职责，包括设计各种游戏活动，帮助幼儿获得社会性 - 情绪、身体、认知和语言发展等多个领域的学习技能等。同时，"回应式照料者"也会利用各种随机教育机会［被称为**教学时机（teachable moments）**］，帮助幼儿在已有知识的基础上对新事物进行学习研究。另外，"回应式照料者"也会积极创设情景，让幼儿安全、快乐地进行各种探索、发现和创新。

关系的重要性

0—3 岁儿童几乎完全是在与他人的关系中进行学习的，他们与其他幼儿或成年人互动，对他人的一举一动进行观察。为了成为一名优秀的学前教育工作者，你需要深刻认识到健康关系是儿童情感发展的基石

（本书第三章对此有详细描述）。若想为幼儿提供积极有效的养育，你需要具备专业技能和知识。

为确保幼儿得到最好的发展，高品质的学前教育项目会雇用高水平的照料者。高水平的照料者需要具备儿童早期发展专业知识，了解儿童早期发展对 0—3 岁儿童的重要性，在这些知识的基础上，为幼儿提供适合他们需要的、恰当的照料和养育，在这个过程中，照料者与幼儿建立良好的关系，为他们提供可靠的成长环境，确保幼儿在其中获得学习机会，建立信任感。

幼儿的养育环境包括：幼儿的家庭，照料幼儿的是他们的家人；没有经营资质的养育环境，比如，亲戚朋友或者邻居家；以及有经营资质的学前保育中心或家庭式儿童保育中心（本书第一章列举了不同类型的学前教育机构和高品质早教项目的特点）。我认为，有经营资质的早教中心及家庭式儿童保育中心必须能够提供早期保育和早期**学习环境**（**learning environment**）。本书提供的相关信息，可适用于为 0—3 岁儿童设立的各种早教环境。

为了方便阅读，我会交替使用**照料者**（**caregiver**）和**回应式照料者**（**responsive caregiver**）这两个术语。这本书写给致力于成为回应式照料者的你（或许你已经是了）。你会根据幼儿的个性需求，以温柔的心，关爱、教育和照料他们；积极与幼儿互动，尊重幼儿的个性，关注他们

的健康发展；接纳多样性，尊重幼儿的母语和文化背景，因材施教（我将在第二章讨论这方面的实践方法，也将在本书最后的总结部分谈到这方面的内容）。你热衷于照料幼儿，并且乐于为幼儿提供学习与成长的机会。

本书中贯穿着六大早教理念：

1. 回应式养育是幼儿健康成长、发育的必要条件；

2. 信任是健康关系的基石；

3. 幼儿需要稳定、安全的早期保育和学习环境；

4. 幼儿做好了学习的准备，渴望学习；

5. 游戏对幼儿的学习至关重要；

6. 回应式照料者应与幼儿的家庭紧密合作，为幼儿提供适当的支持。

作为专业工作者，柔弱的幼儿被托付给你，你需要具备早教知识，具备照料幼儿的经验，努力成长为一名卓越的专业工作者，在你的职业生涯上勇往直前。你还需要知道如何创设和维护教学环境，使幼儿的各项能力都可以获得健康发展。幼儿受到关爱、个性得到尊重，才能茁壮成长。为了将潜能充分发挥出来，幼儿需要照料者全身心的关爱和奉献。

关于本书

本书可以帮助你成为一名回应式照料者。本书包含儿童发展理论、高品质养育的组成部分、教育和养育的最佳实践方法、0—3 岁儿童的成长与发展概况，以及有特殊需要的儿童的支持策略等内容。

本书的每一章都有促进幼儿学习的建议、本章重要观点的总结，以及本章内容的思考与应用问题，帮助读者更加深入地思考和探索。第六章到第九章介绍了学习的四大领域，每一章都会提到本书的配套图书——《婴幼儿回应式养育活动》(*Activities for Responsive Caregiving: Infants, Toddlers and Twos*)，《婴幼儿回应式养育活动》提供了大量早教活动方案，帮助你在游戏中开展适龄活动，实施恰当的早教策略。

不过，在了解回应式养育的诸多要素之前，你首先需要了解自己的养育理念。

探索你的养育理念

将你的养育理念写下来，你需要思考自己对幼儿工作的理解和感受。

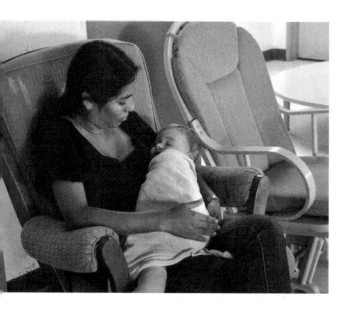

这个思考过程很重要，可以帮助你理清现有的信念和态度，加强你照料幼儿的决心。你需要写下你的养育 0—3 岁儿童的核心理念、你的教育和养育方法，以及你投身于高品质儿童早期教育事业的决心。把你的想法写下来，可以激励自己成为一名最好的照料者。

首先问自己：**我该怎么做才能确保幼儿充分发挥潜能，并在情感上健康成长**？然后，反思你是什么样的教师和照料者。作为教师和照料者，你具有什么技能？哪些方面需要加强？哪些方面比别人更困难？评估一下你的优势，以及需要改进的弱项。每个人的专业技能和专业知识都有进一步提高的可能和空间，仔细检测自己正在做的事情，增加你在儿童发展方面的知识。

写下你的**个人养育理念声明**（personal caregiving philosophy statement），可以帮助你重新审视自己进入早教领域的初衷、现阶段照料工作带来的快乐和困扰、自己作为幼儿照料者所具有的特长，以及如何强化投身早教事业的决心。早教领域的发展日新月异，不要让自己停滞不前，要经常参加各种早教培训和交流活动，提高自己的专业技能，勇于尝试，积极接受新理念。要不断学习，不忘初衷。

个人养育理念声明

完成下面的声明：

1. 我进入儿童发展领域的初衷是：＿＿＿＿＿＿＿＿＿＿＿＿＿＿＿＿＿＿＿＿＿＿＿。

2. 我工作中最大的收获是：_____。

3. 对我所照料的幼儿，我的最大顾虑是：_____。

4. 我的最大特长是：_____。

5. 我承诺：_____。

下面是一份声明的范例：

1. 我进入儿童发展领域的初衷是：我关心幼儿的健康发展。

2. 我工作中最大的收获是：每天看到幼儿的笑脸，陪着他们一天天长大，和他们一起探索世界。

3. 对我所照料的幼儿，我的最大顾虑是：他们成长得太快，不能完全单纯地做个孩子。

4. 我的最大特长是：培育幼儿的能力。

5. 我承诺：每天给孩子们完全的爱心和关注。

这份声明中所有条目的共同点是什么？试着找出每个条目中相似的地方，这就是写下这份声明的人的优势和动力所在。留意你在声明中列出的所有条目的共同点。也要留意其中看起来不一致的地方，这些不一致的地方有可能是你的新的兴趣点，或者是你一直试图掩饰的东西。要认真思考声明中的每一条，这非常重要。

经过认真思考，完成上述个人声明，可以将此声明张贴在一个显眼的地方，比如过道或入口处。这样，你和幼儿的父母每天都能看到它。如果你是在员工会议上完成此声明的，可以和同事分享你的观点。

小结

在稳定的、充满爱的养育环境中，幼儿可以获得最好的成长，为他们将来进行学习、建立稳定健康的社会关系打下坚实的基础。在高品质早教环境中，你可以为幼儿创设机会，让幼儿得到保护和照料的同时，学习各项技能。要不断探索作为一名照料者，你的角色到底是什么，用你的新见解帮助幼儿学习。选择成为一名高品质的学前教育工作者，意味着你需要在专业方面不断进步，追求卓越。

为了帮助你达成目标，下一章中我会讨论幼儿保育的不同类型、0—3岁儿童的特点，以及照料者的角色。

照料者的工作

- 对幼儿的需求做出回应。
- 以温暖、有爱的养育方式回应 0—3 岁儿童。
- 真正关心孩子的健康和幸福。
- 提高自己的儿童发展知识水平。
- 探索自己投身于婴幼儿教育的决心。
- 创建一份个人养育理念声明。
- 在个人声明的基础上，设立你的个人发展目标，提高养育技能，坚定投身婴幼儿养育事业的决心。

关键养育理念

- 照料者需要专业知识和技能，提供最优质的早期养育和学习环境。
- 照料者肩负教育和指导幼儿学习的责任。
- 幼儿受到关爱、个性得到尊重，才能茁壮成长。

思考与应用

1. 列举三个你遇到的教学时机，你是如何利用这些时机帮助幼儿学习的？
2. 列举三种提高自己的养育技能的方法。
3. 参考你的个人养育理念声明，回顾你的幼儿养育工作，你的行动和理念一致吗？为什么？
4. 哪两件事可以强化你投身早教事业的决心？

第一章

早期养育与早教专业

照看 0—3 岁儿童的早教专业人员，在幼儿的成长发育中扮演着非常重要的角色。幼儿的身心幸福和未来发展需要照料者的奉献和承诺。照料者需要知道什么是回应式养育、养育的不同类型，以及 0—3 岁儿童的发展阶段。这些知识可以加深和强化照料者对高品质养育的理解和实施。

回应式照料者的特征

回应式照料者需要做的工作很多！简单来讲，回应式照料者需要给所有被养育的儿童提供温暖、稳定、回应及时的学习环境，要及时、快速、恰当地对幼儿的需求做出反应。婴幼儿完全依赖成年人的教育和养育，他们的健康和安全完全寄托在照料他们的成年人手上。

幼儿与照料者积极互动非常重要，这直接影响儿童早期依恋和信任的形成。在回应式照料者创建的环境中儿童可以感受到轻松与和平。回应式照料者知道，幼儿与生命中重要的成年人建立信任关系是幼儿认识自己和他人的基础，会影响幼儿整个一生与他人的关系。随着幼儿的成长，回应式照料者会调整项目活动，满足他们不断变化的需求。

回应式照料者会随时评估各种状况，包括正在进行的各项养育活动、正在使用的活动设施以及被养育的幼儿的状况。为了帮助幼儿达到每一个成长目标，回应式照料者会灵活安排每天的日程，根据幼儿的需求变化调整和平衡日常工作及养育环境。幼儿之间的个体差异很大，回应式照料者设计的活动应具有不同的难度，满足不同的挑战，帮助幼儿通过适当努力达到相应的成长目标，获得新技能。比如，某个学步儿已经会玩带有把手的四块装拼图，回应式照料者就可以给这个幼儿没有把手、挑战性更大的拼图，创造机会让她锻炼用手指抓起拼图。随着幼儿技能的提高，回应式照料者会继续加大难度，给她拼更多、图案更复杂的拼图。换句话说，回应式照料者设计的活动方案要具有多样性和趣味性，幼儿可以按照自己的发展状况进行探索和学习。

回应式照料者以儿童的兴趣为中心设计活动，以儿童为导向，重视鼓励0—3岁儿童自主发现和探索世界，刺激幼儿在社会性−情绪、体能、认知能力、语言能力等领域的成长。本书的配套图书《婴幼儿回应式养育活动》提供了101个活动方案，以供教学参考。

回应式照料者具有如下基本特征：

- ✓ 关心儿童的需要
- ✓ 照顾儿童的日常生活
- ✓ 博学多才
- ✓ 温柔耐心
- ✓ 安全可靠
- ✓ 表里如一
- ✓ 灵活机智
- ✓ 开朗幽默

现在，越来越多的幼儿在早教机构或家庭保育中心的时间多于在家里的时间，有些幼儿甚至住在早教中心或保育家庭里，照料他们的是早教机构或保育家庭的照料者而不是自己的家庭成员。社会对高品质养育的需求越来越大。幼儿的个性需求需要被重视，急需有爱心、博学多才、具备养育技能、有责任心的照料者对他们进行悉心养育。能够提供这样服务的机构很多，总有一个最适合他们。

儿童养育机构的种类

在政府教育部门注册成立的0—3岁儿童早教机构主要有两种：有经营资质的家庭式儿童保育中心和有经营资质的学前保育中心。无论哪种早教机构，都需要有致力于养育幼儿的成年人。在高品质的早教项目中，照料者是最佳幼儿教育与养育的具体实践者：

- **有经营资质的家庭式儿童保育中心**（**Licensed family child care home**）：在美国，每个州对有经营资质的家庭式儿童保育中心的要求不尽相同。通常，家庭式儿童保育中心一次只能照料为数不多的幼儿。家庭保育中心可以提供的照料时间比较灵活，费用通常相对比较低，在大多数家庭的负担范围内。幼儿在家庭环境中得到照料，与人互动，进行学习。家庭保育中心的照料者通常是一个成年人或者一个成年人和一个助手。在同一个家庭保育中心中，通常既有0—3岁儿童，又有学龄前儿童，甚至学龄儿童。接受家庭保育中心照料的幼儿通常会在同一个家庭保育中心生活好几年，被同一个照料者养育多年，这对儿童的成长有很大好处。美国国家家庭儿童保育协会（National Association for Family Child Care, NAFCC）以及美国各州的家庭儿童保育协会可以为家庭保育中心提供早教资源和专业发

展培训机会，提高家庭保育中心的早教能力和水平。

- **有经营资质的学前保育中心（Licensed early care center）**：这些保育中心提供的幼儿照料和养育更加标准化、规范化，虽然美国各州的要求不同，注册时通常都会对师生比、教学小组人数、照料时间、教学方法、教师资格以及健康安全有所要求。现有的早教中心形式多样：营利型的、非营利型的、公立的或私立的。

最佳幼儿保育

最佳的学前教育（early childhood education, ECE）提倡幼儿四大发

展领域（社会性－情绪、生理、认知和语言）的全面发展。（本书第六章至第九章会详细论述四大领域的相关信息，以及早教如何促进每一个领域的发展。）高品质早教机构聘请的早教人员需要满怀爱心、具备早教专业知识以及培育幼儿的能力。高品质幼儿养育没有固定单一的标准。下面是一些被早教领域普遍认可的标准：

- 在幼儿和回应式照料者之间建立持续的养育关系。
- 环境设置应该确保幼儿的人身安全。
- 尊重儿童的个性发展。
- 各项培育活动要有助于儿童的学习。
- 作息时间和日常常规要适合儿童的个性需求，包括有特别需要的儿童的需求。
- 照料者要与家长建立良好的合作关系。
- 教学过程要有计划、有组织，以培养幼儿跨领域的学习技能为目标。

- 活动适合儿童的年龄发展阶段。
- 儿童的学习应该建立在已有的知识和经验的基础上。
- 儿童在游戏中学习。

领先的学前教育机构可以帮助照料者辨认最佳的保育实践。美国幼儿教育协会（National Association for the Education of Young Children, NAEYC）发布了高品质早教声明，并致力于推进早教项目标准、提高早教品质、推广适龄早教实践方法、提倡早教机构和家庭通力合作、强调照料者要具有高品质专业资格。美国幼儿教育协会为幼儿父母、早教工作者提供各种早教资源和信息。

婴幼儿照料项目（Program for Infant/Toddler Care, PITC）是加州教育部和西部教育（WestEd）机构共同发起的非营利组织，致力于促进早教研究和评估、提供专业发展机会，以及改善人类教育和发展状况。婴幼儿照料项目为父母和照料者提供幼儿养育标准，支持高品质早教项目发展。NAIYC 与 PITC 对婴幼儿早教项目的建议包含六个方面：基础保健、小组教学、个性化养育、持续性养育、尊重家庭文化、接纳特殊需要儿童等。

基础保健

人们普遍认为**基础保健**（**primary care**）是最佳幼儿保育不可或缺的一部分，基础保健包括给婴幼儿喂食、换尿布、摇动摇篮、安抚幼儿、与幼儿对话、鼓励幼儿参与互动等。每一名幼儿都有一名**基础保育员**（**primary caregiver**）。根据各机构的师生比，基础保育员有可能会同时照料数名幼儿。基础保育员的主要责任是与照料的幼儿互动，关注幼儿的个性需求。

还有一些照料者，虽然和幼儿在一起的时间也很长，但他们不是基础保育员，这些人被称为**二级照料者**（**secondary caregiver**）。基础保育员负责协调共同参与照料幼儿的其他专业人员，以确保幼儿得到前后一致的照料。基础保育员必须与照料小组的其他成员进行有效沟通，使幼儿得到最佳养育，达到发育的每一个成长目标。

幼儿达到预定的成长目标或到了特定年龄，通常会转入下一个级别的照料机构。现在很多保育机构已经逐渐接受**持续养育**（**continuity care**）理念，也就是说幼儿持续待在一起，成为一个组群，共同成长。这种保育方法使得幼儿同基础保育员一起进入下一个发展阶段。3 岁以下的幼

儿保育中心，一般有三个级别：婴儿级、学步儿级和 2 岁儿童级。3 岁以后，幼儿会转入新的保育项目，学习适龄技能，满足新的发育需求。**持续保育**会给 3 岁以下的幼儿带来如下好处：

- 加强幼儿与基础保育员之间的依恋关系，有利于幼儿未来的关系建立。
- 有利于建立同龄幼儿之间的信任关系，照料者可以专注于促进幼儿各项技能的获得和提高。
- 可以维护家庭和照料者之间的持续关系。

家庭和保育机构的沟通

幼儿家庭和保育机构之间的有效沟通是高品质保育项目不可或缺的元素之一。（我会在本书结尾部分进一步论述父母和照料者之间的合作伙伴关系。）保育机构应该尊重每一个家庭的文化信仰，给幼儿提供安全无偏见的保育环境，让幼儿感受到被尊重和重视。（在本书第六章，我会谈到文化背景对幼儿社会性 – 情绪发展的影响。）父母和照料者之间愉快合作，一起努力，会促进幼儿的成长发育。

低师生比

高品质的幼儿保育家庭和保育中心以为儿童提供贴心照料、满足幼儿个性化需求为己任。幼儿的年龄越小，需要的师生比越高。美国幼儿教育协会（NAEYC，2008）建议，0—12 个月幼儿的高品质保育中心，师生比应该是 1：3 或者 1：4，12—28 个月的幼儿所需的师生比是 1：4 或者 1：5，21—36 个月大的幼儿所需的师生比为 1：5 或者 1：6。小组保育或者个性化保育有助于幼儿与照料者以及其他幼儿建立良好关系。个性化、持续保育有助于幼儿的知识构建和健康发展。

对 0—3 岁儿童的照料

照料哪个年龄组的幼儿是照料者必须面对的一个重要抉择。每个照料者都需要仔细思考，自己最适合哪个年龄组，什么样的教学环境最适合自己，了解每个年龄组的成长阶段特征有助于照料者做出恰当的选择。保育和教导是相辅相成的，无论是保育还是教导，总要把幼儿的需求摆在照料者自身需求之前。

0—3 岁幼儿属于最小年龄组，这个年龄段幼儿的健康和幸福掌握在照料他们的人手中。通常来讲，照料这个年龄组的人热爱自己的工作，偏爱这个年龄段的幼儿，有些人的偏好更具体，比如，有人特别喜欢照顾新生儿，但是不喜欢照看两三岁的幼儿。

新生儿需要人的密切关注。照料者要随时留意他们的需求，常常将他们抱在怀中，轻声安慰。新生儿照料者通常非常喜欢小婴儿，因为新生儿的需求特别多，这种喜爱之心就显得格外宝贵和必要。照料者要对新生儿的需求反应灵敏，及时给他们喂奶、换尿布，为他们提供安全舒适的环境，保证他们健康安全地长大。两三岁幼儿的成长环境与此非常不同：他们特别好动、吵吵闹闹，大多数时间都是在地板上度过的。两三岁幼儿对世界非常好奇，不停地四处走动，忙着探索世界。由于学习独立的缘故，两三岁幼儿常常做出让人始料不及的举动。两三岁幼儿的教室通常非常嘈杂、繁忙、兴奋不已。2 岁的幼儿喜欢四处走动，跑上跑下，忙于参加各种游戏。他们喜欢唱歌、游戏、演奏乐器，也喜欢听大人朗读故事。他们说话的能力正在飞速发展，喜爱问各种各样奇奇怪怪的问题，这也促使他们产生更多了解世界、认知世界的动力。照料这个年龄段的幼儿，不仅需要具备特有的专业技能，还要有充沛的精力和体力。

有些学前儿童的照料者更换照料对象，开始照料婴幼儿时，需要知

道照料婴幼儿与照料学前儿童非常不同。大多数学前儿童已经经历过如厕训练，正在学习自己如厕，他们已经掌握很多生活技能，比如，可以自己穿脱衣服，会问一些简单的问题，可以用语言表达他们的需求。相反，0—3 岁婴幼儿的基本需求要想得到满足则完全依赖成年人的帮助。婴幼儿照料者不仅要满足幼儿的基本需求，还要帮助他们获得全面发展。

实行最佳保育实践的保育项目有固定的生活常规和作息时间表。保育中心每天的日常活动具有一定的预知性，有利于幼儿获得信任感和安全感。（我会在第五章详细介绍生活常规的重要性。）照料低幼儿童，很多时候是为幼儿创建探索世界、学习独立的各种机会。通过无数次互动，将基本的语言知识传授给 0—3 岁儿童，帮助他们学会探索世界，学会与人建立关系，获得**自我意识**（sense of self），学会独立。为了达到这些目标，照料者必须要有耐心，热爱养育工作，积极回应幼儿的需求。

0—3 岁儿童的特征

0—3 岁幼儿的发育过程包含很多成长里程碑。幼儿的成长发育进程各不相同，不同幼儿掌握各种技能的时间和进程也早晚不一。有的幼儿可能 12 个月大就会走路了，有的可能 14 个月大才迈出第一步。了解幼儿的成长特点，有助于创设适龄的教学活动。

　　高品质早期保育致力于为被照料儿童提供无障碍的学习机会。在**限制最少环境**（least-restrictive environment）中，幼儿可以参与所有活动，使用所有材料以及室内外空间，这种环境可以使幼儿获得与发展相适宜的学习机会。**早期干预**（early intervention）对幼儿大脑发育有关键的影响，了解这一点非常重要，要为**发育迟缓**（developmental delay）的儿童提供早期干预机会，以便他们达到发育里程碑。（我会在第四、五章讨论早期干预的重要性。）

　　我们知道儿童达到发育目标的进程各不相同。有些幼儿成长发育很顺利，每一个阶段都像严格遵照教科书程序一样按部就班地进行。有些幼儿发育进展缓慢，甚至在某些方面需要进行特别干预。比如，有些幼儿3个月大就已经开始咿呀学语，可以发出"aaaaa，ooooo，eeeee"等声音，会咿咿呀呀地说话；有些幼儿4个月才会发出"dada, gaga"的声音。幼儿的发育进程差异很大，早教界对0—3岁儿童的发育月龄和发育阶段的划分也不同。在本书中，我将幼儿分为**小月龄婴儿**（young infant，0—6个月），**大月龄婴儿**（older infant，6—12个月），**低幼学步儿**（young toddler，12—24个月），**大月龄学步儿**（older toddler）/2岁儿童（24—36个月）。同一年龄段的幼儿具有一些相同的特征：

0—3 岁幼儿的特征

年龄	特征	
小月龄婴儿：0—6个月	<ul><li>会发声：咕咕咯咯，咿咿呀呀，咯咯大笑；</li><li>会微笑，会模仿成年人的面部表情；</li><li>趴着能挺胸，抬头；</li><li>会伸手碰触悬挂物体；</li><li>会观察人的面孔，目光可以追随物体移动。</li></ul>	<ul><li>头会转向发出声音的方向；</li><li>对他人做出有社交意义的微笑；</li><li>回应活动刺激，笑出声或微笑；</li><li>喜欢社交性游戏，表现出和照料者的特别关系；</li><li>可以抓住或摇晃玩具；</li><li>用手和口翻动书本。</li></ul>

（续表）

年龄	特征	
大月龄婴儿： 6—12个月	• 会用声音表达喜悦和不快； • 会重复咿呀学语； • 开始说"不"，对他人做出回应； • 能轻松翻身； • 可以借助外力坐直、无辅助坐直、能支撑起身体； • 可以用一只手接过物体，将物体从一只手转到另一只手； • 可以借助手和膝盖爬行。	• 可以借助外力将自己拉起呈站立姿势； • 可以找到半掩藏的物品，并用手和嘴巴对其进行探索； • 喜欢微笑和大笑； • 可以伸手邀请或寻找照料者，表现出想要参与游戏的欲望； • 对陌生人表现出不高兴和担心的神态。
低幼学步儿： 12—24个月	• 尝试模仿单词并回应简单的口头命令； • 会摇头，表示"不"； • 会说2~4个词的句子并遵从简单的命令； • 开始走路，可以推拉玩具； • 会踢大的球，借助外力在家具或楼梯上爬上爬下。	• 可以叠放2~3块小型方块积木； • 会翻书页； • 可以意识到自己与他人不是一体的，并表现出更高的独立性； • 初步表现出共情，表现出不好意思或骄傲的迹象。
大月龄学步儿/ 2岁儿童： 24—36个月	• 会说4~5个单词的句子； • 说出的话语更易理解，更符合语法； • 能认识和辨别常见的物体和图片； • 能根据形状和大小对物体进行分类； • 会将图片和实物进行配对； • 可以用蜡笔在纸上涂鸦； • 轻松走路/跑步，会骑儿童三轮车。	• 可以说出自己的名字、年龄和性别； • 参与过家家游戏，学会等待，可以和同伴轮流做事； • 知道"我""我的"和"他/她的"含义； • 会模仿他人，意识到自己和他人是分离的； • 会表现出骄傲、不好意思的神态，能表达自我意识。

小结

　　照料幼儿是一个重要选择。回应式照料者是为儿童提供最佳学习机会的关键。最佳幼儿照料者要有爱心、有养育热情以及专业知识和技能，具有为幼儿提供高品质养育和照料、促进幼儿全面发展的使命感。最佳幼儿保育项目以提供最佳早期保育为己任，努力满足儿童的个性化需求，为幼儿提供与发展阶段相适应的活动，支持幼儿全面发展和成长。

照料者的工作

- 进行幼儿早期保育，为家庭提供支持。
- 为 0—3 岁儿童提供回应式养育。
- 尊重幼儿的个性需要，包括有特别需要的幼儿。
- 确保幼儿得到健康、安全的照料。
- 设计各种适合幼儿的发展阶段特点的游戏活动。
- 采取小组教学，保持低师生比。
- 设计以幼儿为中心的日常教学活动。
- 具备儿童早期发展知识。

关键养育理念

- 每个幼儿都需要专门的基础保育员。
- 持续养育为幼儿提供了发展亲密依恋的机会。
- 要满足幼儿的个性发展需求。

思考与应用

1. 如何提升自己的 0—3 岁儿童的相关知识？

2. 婴幼儿持续养育的优点是什么？

3. 列举照料者可以做的五件改善保育环境的事情，确保保育中心所有幼儿得到养育和关爱。

4. 你认为哪三个最好的早期保育做法可应用于自己的早期保育工作？

第二章

从理论到实践

　　儿童发展理论是最佳早期教育和最佳保育的理论基础。儿童发展理论起源于 17 世纪的哲学家约翰·洛克（John Locke）等人提出的理论，并在当代布雷泽顿（T. Berry Brazelton）和格林斯潘（Stanley Greenspan）等人的作品中不断深化。洛克认为，儿童的大脑是一块"**白板（tabula rasa）**"，在出生时呈空白状态，出生后被生活经历填满（Berk，2008）。洛克认为，我们现在所说的"养育"，很大程度上指的是人类学习的内容，以及成长以后呈现出的结果。他强调爱和养育环境的重要性，认为正是后天的关爱和养育让未成形的"白板"得以更好地认识自己和世界。自 17 世纪以来，诸多教育家、哲学家、医学专家共同参与，在儿童发展及早期教育领域做出了极大的贡献。当今时代，人们认为婴儿天生具有学习能力，出生时大脑已经具备建立关系、获得信息、学习语言、发现世界的功能。

社会心理发展理论

　　埃里克·埃里克森（Erik Erikson，1902—1994）是儿童发展领域最著名的研究者和理论家之一。埃里克森是著名心理学家西格蒙德·弗洛伊德（Sigmund Freud）的学生。他研究了文化和生活事件对人类发展的影响。埃里克森认为，人的发展可以划分为 8 个阶段，以解决 8 对基本冲突（每个阶段解决一对冲突）。幼儿保育的主要对象——0—3 岁儿童处于第一发展阶段（0—1 岁）和第二发展阶段（1—3 岁）。

埃里克森认为，人的一生都在解决 8 对冲突。他对学前教育领域的重要贡献是界定了婴幼儿在培养信任和自主感方面所面临的独特挑战。

埃里克森（Erikson，1963）的社会心理发展理论的 8 个阶段

社会心理阶段	年龄	新维度
基本信任与不信任	0—12 个月	建立信任感，感知世界是安全的。
自主与羞愧和怀疑	1—3 岁	培养自主、自信、独立做事的能力。
主动与内疚	3—6 岁	有探索新事物的欲望，培养目标意识。
勤奋与自卑	6—11 岁	扩大与他人合作的能力，发展基本技能。
同一性与角色混乱	青春期	解决"我是谁"的问题，探索自我价值观和信念。
亲密与孤独	成年早期	与另一个人建立亲密、持久与爱的关系。
生育与迟滞	中年	通过养育、照料他人或通过其他生产性工作与成就，为下一代做出贡献。
自我整合与失望	晚年	含饴弄孙，反思人生。

信任与不信任

尽管埃里克森的精神分析理论一直受到质疑和挑战，他关于形成信任和建立自主性方面的观点却与我们的早教领域有着密切关系。他认为人类生活的第一阶段是幼儿在信任和不信任之间冲突搏斗的阶段。埃里克森认为，婴儿需要解决对成年人的警惕（不信任）与相信（信任）之间的冲突（Patterson，2009）。据他观察，0—3 岁儿童得到温暖的回应式

养育时，会建立起对人的信任（Berk，2008）。

成年照料者在婴儿建立信任的过程中作用重大，正是照料者让婴儿切实感受到他与成年人的关系的可靠性。当今，人们普遍认为信任是建立所有健康关系的基础。在相互信任的关系中，人们无论是在身体上、情感上还是在心理上，都会有安全感，从而成长为一个健康的人。没有信任，人与人之间的关系就没有可靠的基础，人会感受到不确定性，缺乏自信，与他人的依恋关系非常薄弱。

埃里克森特别指出，如果婴儿长期精神紧张，需求长期得不到满足，总是感觉不自在，一直被严厉对待，不信任感就形成了（Berk，2008）。埃里克森认为，在压力中成长的婴儿会认为这个世界不友善，同时，这些不好的经历会内化成他们对自己的认知，他们会认为自己不好、不够优秀、没有价值、不值得人尊重。这种内化的主观意识发生在幼儿自我意识的基本层面，是一种潜意识的变化。非常不幸的是，这些感觉将成为幼儿自我认识的核心。

埃里克森发现，如果儿童进入下一个发展阶段时依然带有不信任感，除了不信任，他们还会感到羞愧和疑虑。埃里克森认为不信任感会损害儿童的自信心和自我价值感。对父母和照料者缺乏信任的幼儿对自己也没有信心，无法和其他成年人及同龄人进行健康的互动。

照料者对幼儿精心照料，及时回应幼儿的需求，可以让幼儿建立起强烈的信任感。无论幼儿快乐或是难过，健康或是生病，欢笑或是哭泣，照料者都要及时回应他们，无条件地关爱和养育他们。他们哭的时候，照料者也要温柔地照料他们。幼儿哭，很有可能是尿布湿透，该换尿布了。照料者温柔迅速地回应幼儿的需求，有助于幼儿逐渐建立起对照料者的信任。

在照料者的帮助下，幼儿与包括照料者在内的成年人以及同龄人建立起亲密关系，同时也开始学习管理自己的情绪。比如，一个幼儿打了另一个幼儿，照料者对两个幼儿都要安慰，要确保两个幼儿的安全，平静而坚定地对他们说："我们不打架"，并将正确的相处方式告诉他们。言语和非言语的回应都需要，这两种交流方式幼儿都能理解，照料者的语音、语调、触摸以及其他肢体语言与言语同等重要。下面是**信任的建立过程**（trust-building sequence）（见图 2.1），表明了早期照料者或者父母与幼儿之间的信任关系建立的过程。

图 2.1　信任的建立过程

信任的建立从幼儿感受到压力、神情紧张时就开始了，这种压力有可能是幼儿感觉到了饥饿、尿布湿了，也有可能是感觉累了，受到的外界刺激过低或者过高，或者是幼儿需要被安慰，想要人抱。无论出于哪种情况，幼儿通过微笑或者咿咿呀呀的声音，摇摆胳膊、腿，或者摇头等，发出信号，表达他的需求。他也有可能会突然大哭起来，哭是幼儿与成年人进行沟通的有效方式之一。照料者对幼儿做出恰当的回应，为啼哭的幼儿提供了建立信任的条件。幼儿的需求被满足，紧张感消失，情绪得到释放，信任就建立起来了。积极互动有助于照料者和幼儿之间建立起信任关系。

不信任形成的原因相对更加复杂。幼儿的紧张压力和痛苦因为照料者没有做出相应反应或者反应不充分而加剧。如信任建立的过程（见图2.1）一样，不信任也是从幼儿感受到压力、情绪紧张时开始的。成年人有可能明明知道幼儿在努力与人沟通，却没有做出相应反应以减轻幼儿的压力。比如，幼儿感到饥饿，哭了起来，成年人看见他哭，却没有立即给他喂奶。这意味着，成年人没有及时反应以减轻幼儿的不适，幼儿啼哭发出的求助信号被忽视了。

啼哭是幼儿可以使用的少有的几种交流方式之一。通常来讲，幼儿持续啼哭的时候，哭声会越来越大，直到需求得到满足，他们才停止哭泣，或者因为持续得不到回应而放弃继续用哭声表达不快。随着紧张情绪升级，幼儿的身体变得越来越僵硬和紧张。成年人要么回应，要么继续忽视他们的需求。不反应或者推迟反应只会强化幼儿紧张难过的情绪。在这种压力过程中，幼儿渐渐认定这个世界不友善、不可靠，他们对这个世界的不信任感越来越强烈。

高度紧张的幼儿会哭闹不止，难以安抚。不幸的是，通常情况下，成年人在情感上会疏远哭哭啼啼、难以安抚的幼儿。你肯定曾经听有人这么说："别管他，让他哭去吧，哭一会儿就不哭了。"或者"别抱她，她就是难缠。"任凭幼儿哭闹几分钟没多大关系，但是，放任幼儿长时间啼哭，漠视他的需求，或者长时间对他不理不睬，就把他推到了危险的地步。

回应式照料者不仅要知道照看幼儿是自己的职责，还要清楚幼儿不同的哭声代表的含义。在图 2.2 所示的**不信任的形成过程（mistrust-building sequence）**中，人们可以清楚地看到幼儿的不快行为对成年人的挑战逐步升高，原因很明显，也就是说，照顾不断啼哭的幼儿本身就会让成年人精神紧张。如果一直处于紧张状态，幼儿不仅会对这个世界产生不信任感，也会对自己产生怀疑和感觉羞愧，这种负面感觉不断加深，以致他认为这个世界不安全，不友善，没有爱。因此也不难理解幼儿表现得非常难缠，难以被安抚。

图 2.2 不信任的形成过程

　　幼儿和父母以及照料者之间都存在建立信任或者不信任关系的过程。一定要时刻记得，保育中心的某些幼儿在家里的需求很有可能没有得到满足或者没有得到充分满足。如果发现父母忽视幼儿的需求、幼儿的健康和安全存在危险时，一定要采取适当的行动。被忽视的幼儿会出现**生长发育停滞**（**failure to thrive**），有可能对周围环境不感兴趣，郁郁寡欢，成长迟滞，体重不增加，迟迟达不到发育标准。如果幼儿在家庭被严重忽视，照料者首先要做的是保护他的身体健康和安全，把你的担忧告诉合适的人，如果有必要，可以依照幼儿保育中心的保育原则，将其当作被虐待／忽视的儿童上报相关部门。

为儿童争取合法权益是照料者的职责之一。下面列举的活动有助于和幼儿建立信任关系：

- 轻轻摇动、安抚哭闹的幼儿。
- 发现幼儿需要关注的信号，及时做出回应。
- 与幼儿目光接触。
- 用微笑回应幼儿的微笑。
- 给幼儿喂奶或换尿布的时候，温柔地触摸他。
- 留心自己的身体语言、抚触的力度以及说话的口气及语调。

自主与羞愧和怀疑

埃里克森认为每一个成长阶段都建立在前一个阶段的基础上。婴儿在成为具有自主性的学步儿之前必须建立起对外界的信任。幼儿 1 岁大的时候，开始展现出埃里克森的发展阶段的第二阶段的特征。这个阶段的发展目标是培养幼儿的自主性，而不是让他对自己感到羞愧和怀疑。具有自主性的幼儿在独立做事方面自信又笃定。

1—3 岁幼儿的认知能力飞速提高。他们的**大动作技能**（**gross-motor skill**）和**精细动作技能**（**fine-motor skill**）获得发展，促使他们更加乐此不疲地探索周围的世界；他们的运动能力获得新的进展，灵巧性提升，有助于他们推拉带轮子的玩具，进行奔跑和跳跃。他们的精细动作得到提升，可以自己穿衣，也可以使用蜡笔或者彩泥。在这个阶段，幼儿开始出现"让我来""这是我的""我能行"等表现。在对外界信任的基础上，随着体能和认知技能的发展，幼儿的独立性和自主性越来越强。

在培养幼儿自主性的过程中，照料者起着非常重要的作用。在高品质养育下，幼儿得到鼓励和支持，不断尝试新事物。面对尝试独自做事的幼儿，回应式照料者应该很有耐心，给幼儿足够的时间操练新技能。比如，鼓励幼儿自己使用餐具就餐，自己穿外套或者毛衣，自己决定玩什么玩具等。为了促进幼儿的独立性发展，回应式照料者应随时调整保育计划和保育方式，比如，给幼儿提供一个防溅奶瓶，避免幼儿自己倒牛奶的时候溅得到处都是。

在幼儿自主性的萌芽阶段，照料者要注意掌握平衡，为幼儿设置界限，确保他们的安全，帮助幼儿建立安全意识。两三岁儿童尚不能判断什么安全、什么不安全，照料者有责任和义务为他们设立界限确保他们的健康与安全，这一点非常重要。然而，不幸的是，这也意味着幼儿会常常从照料者那里听到"不"字。要充满爱心，帮助幼儿在安全的前提下，知道什么是他们可以做的，什么是他们不能做的。幼儿遭受挫折，

心情沮丧的时候，及时出现在他们面前，耐心安慰他们。避免做出负面反应，不要说"你真是个坏孩子！"或者"你这样做真是太糟糕了！"等话语。

幼儿会将成年人的负面反应内化，变得害羞或不自信，否定自我，畏缩不前，不敢尝试新事物，生怕因尝试新事物被惩罚。"我不够好""我很糟糕""我胆小，我不要尝试新事物"等认知会逐渐内化成非常不健康的自我意识。（我将在第六章的社会性–情绪发展部分对此进行详细描述。）

仔细观察被照料的幼儿，精心培养他们的自主性。有目的地帮助和鼓励害羞、不自信的幼儿。一旦发现这样的幼儿，要格外留意与他们互动。通常情况下，几句简简单单的话语就能减轻幼儿的害羞心理，比如"你真是一个好孩子！"或者"我真是喜欢你画的这张画！"然而，单纯的表扬并不能帮助幼儿完全消除负面情形对他们内心产生的影响。

帮助幼儿茁壮成长最有效的措施是为他们建立起安全、可靠的成长环境。如果他们表现出自卑、不自信的情形，照料者首先要做的是建立或者重建他们对外界的信任。只有这样才能帮助他们发展自主性，让他们感受到自己很好，足够优秀，他们很重要，值得被人看重。信任感对幼儿未来人际关系和社会性–情绪的发展影响巨大，可以说是最重要的影响因素。建立或恢复信任是个长期的过程，无法一蹴而就。（我将在第三章详细论述如何建立安全人际关系和依恋纽带。）

发现两三岁的儿童表现出自主做事的欲望时，要用正面的、鼓励性的语言加以认可，比如"你能行！""瞧，你做得多好！"这些话语可以让幼儿非常开心，有利于他们建立积极正面的自我认识。照料者的鼓励性话语，是对他们努力独立做事的极大认可。下面是一些可以帮助两三岁儿童变得更加自主的方法：

- 给幼儿留出尝试独立做事的时间。
- 为幼儿设立界限时要以保证他们可以自由玩耍和探索为基础。
- 以幼儿感觉安全舒适的方式为幼儿设立界限。
- 为幼儿提供游戏和探索活动时，要确保他们的安全。
- 幼儿尝试新活动时，若需要帮助，要及时回应他们的需求。
- 用积极的语言认可和鼓励幼儿尝试新事物，比如，"你能行！""瞧，你做得多好！"
- 和幼儿一起谈论他们学到的新技能或者获得的新成就。

幼儿 3 岁以前体验到的信任感和自主性，有利于他们顺利地转入埃里克森的发展阶段的下一个阶段。

认知发展理论

让·皮亚杰（Jean Piaget，1896—1980）提出的**认知发展理论（cognitive development theory）**认为儿童是积极参与学习过程的，这与二十世纪五六十年代流行的行为主义很不相同，皮亚杰的理论在美国广为人知（Berk，2008）。皮亚杰为儿童早期教育者提供了早期学习的新视角。他认为儿童通过构建认知世界，儿童是"小科学家"，不断探索和检测各种事物的运行原理，并将新的认知与已经习得或接受的理论相结合。皮亚杰对游戏中的儿童进行观察，留意他们在游戏中进行学习的过程。根据长期观察，他得出结论，儿童经历新经验，并在已有知识的基础上对新经验进行构建或调整。他们不断探索和测试，通过互动了解世界。他们反复试验、不断犯错，对他们的推论进行一再检验，在这个过程中不断地成长，认知能力越来越强。

皮亚杰发现儿童通过不断接纳吸收新事物获取和建立新知识。在不断尝试或体验新事物的过程中，产生新想法，得出新结论，他们在已有认知架构中对这些想法及观察进行定位，或者构建出新的认知层面，皮亚杰把这个过程叫作"顺应"。举例来说，某个幼儿的家里有一只棕色的小型狗。起初，因为这只狗的缘故，他认为所有的狗都是小型的、棕色的。随着见到的狗越来越多，他逐渐认识到并不是所有的狗都和他家的狗一样。在回应式照料者的帮助下，他构建起越来越多与狗相关的词汇和信息，对狗的概念有了更多的吸收和扩展。

随着时间的推移，幼儿逐渐认识到狗的大小不一、颜色各异。这个认知过程被皮亚杰称为"同化"。随着幼儿对周边环境不断地探索和互动，他的"顺应"和"同化"能力得到不断加强，词汇量和语言能力也随着认知能力的提高得到扩大和提升。在认知世界的过程中，幼儿的认知能力和语言技能相辅相成，共同发展。

皮亚杰认为，人的认知发展分为 4 个阶段，前两个阶段与 0—3 岁儿童保育工作息息相关：

皮亚杰认知发展的 4 个阶段

阶段	年龄	认知任务
感知运动阶段	0—2 岁	用眼睛、耳朵、手和嘴认知世界，了解外部环境；开始用感觉运动技能解决问题；认识到客体永久性，开始认识周围物体的属性。
前运算阶段	2—7 岁	使用数字和文字等符号表达他们早期感知运动的发现。语言的发展使他们可以和他人一起做"过家家"等假装游戏；在了解和感知外部世界的过程中，语言和思考能力的发展促使他们产生"为什么"之类的问题。
具体运算阶段	7—11 岁	推理变得更有逻辑，但仍然建立在具体经验的基础上。他们的关注依然是当时当下的情况。他们也知道行动具有逆向性。
形式运算阶段	11 岁以上	青少年有思考抽象概念、理解他人想法的能力。这使他们能够系统地思考，进行假设，并对现实情况的可能性进行演绎推理。这种思维能力对于做长期规划、思考行动结果和后果至关重要。

感知运动阶段

在感知运动阶段（**sensorimotor stage**；0—2 岁），幼儿通过感觉和运动探索世界，通过味觉和触觉了解世界。如果给他们新的物体，比如书本，他们首先做出的举动是把书放进嘴里。在这个阶段，他们大部分时间都是用嘴巴探索物体。他们显然很喜欢这样做，作为他们的照料者，要给他们提供安全、无毒的物体供他们感知探索。这些供他们感知的物体必须触感鲜明、手感不一（柔软的、顺滑的、坚硬的、粗糙的、坑坑洼洼的、黏黏的），以利于幼儿在感知这些物体的基础上，构建对这些物体的认知体系。

给幼儿提供不同的材料，确保他们不仅能够进行重复体验，又能体验不同的事物，带领他们进行更加深入复杂的思考。吹泡泡游戏的例子可以很好地展示出幼儿通过重复经历进行学习的情形：

- **小月龄幼儿**：这个年龄段的幼儿喜欢观看和观察泡泡的颜色。小月龄幼儿的照料者，可以向幼儿解说气泡在空中飘动的情形，鼓励幼儿感知泡泡湿漉漉的状态。

- **大月龄幼儿**：随着幼儿逐渐长大，可以调整活动，让幼儿自己用泡泡棒蘸取肥皂液，鼓励他吹出泡泡，同时用话语进行描述和鼓励："快看，这是你吹的泡泡！看见它们的颜色了吗？红色、蓝色、黄色、橘色！泡泡的颜色多漂亮啊！"泡泡随风飘动，大小不一，不时破裂，看见这些情形，照料者可以说："哦，泡泡破了，消失了！它们跑哪儿去了呢？"

- **低幼学步儿**：低幼学步儿已经能够自己摇动泡泡棒。使用描述性词汇（如大小、高低、漂浮、湿、圆、亮闪闪等词语）对活动进行描述，帮助幼儿构建起这些词汇和概念，鼓励他自己吹出泡泡。

- **大月龄学步儿/2岁儿童**：大月龄学步儿已经能够在不需要照料者帮

助的情况下吹出泡泡。照料者可以坐在一边观看，在趣事本上记录下他们经历的过程。事后，鼓励幼儿把吹泡泡的游戏过程画下来，帮助他回忆游戏细节，继续帮助他构建词汇，提高语言应用能力。

在整个感知运动阶段，幼儿一直不停地构建知识。2 岁的时候，他们开始对物体的属性有所认知。在球类游戏过程中，他们发现有的球是圆的，可以弹跳；有的球是软的，疙瘩不平。他们不停地试错，对外界的认知越来越多。有时候，照料者也会看到有些幼儿一再把小方块放进盒子里，再把它拿出来。他在做什么？是什么吸引他如此专注？他一遍又一遍重复这个活动，是在对这个方块和盒子的属性进行学习和研究。同时，他也会发展出各种符号性语言，用来描述整个事件及相关的物体。

前运算阶段

儿童到了 2 岁，就进入皮亚杰的认知发展阶段的**前运算阶段**（**Preoperational stage**），这个阶段一直延续到 7 岁。在这个阶段，儿童会使用符号（包括文字、图片、图画和模型等）对物体和事件进行描述（Dodge，Rudick，Berke，2006）。他们开始学习推理，产生各种奇思妙想，对事物运行的原理越来越感兴趣。你会在儿童 2—3 岁时见到这种现象，在这个阶段，儿童不停地问"为什么"。

要鼓励和支持他们的好奇心，可以简单回答他们的问题，或者帮助他们自己发现事物运行的奥秘。照料者应该知道，在这段时间，不断提问是他们认知发展过程中的正常现象，要更积极地回答他们没完没了的

"为什么"。

在这个阶段，幼儿开始参与假装游戏。随着对周围环境的掌控能力的提高，词汇量的增长，在持续扩展和检测他们习得结果的过程中，他们既可以使用具体的物体也可以用**心理表征**（mental representation）来表达他们的意思。（我将在第八章详细谈论心理表征的问题。）年龄大一些的学步儿开始和同伴一起玩耍，相互间多了许多互动和合作。在扮演游戏中，他们开始给

物体赋予象征性意义。比如，2 岁的幼儿会用玩具电话假装和妈妈通话，通过想象，他假装妈妈就在电话的另一端。要做到这一点，在用玩具电话和妈妈通话的过程中，他必须在心里生成一个妈妈的表征或形象。儿童运用心理表征的过程也是他们操练抽象思维技能的过程。**象征性游戏**（symbolic play）和心理表征是儿童抽象思维和更高级认知技能的基础。在感知运动和前运算阶段，幼儿开始理解和掌握字母、数字、抽象概念和逻辑关系。（我会在第八章进一步论述关于认知发展的内容。）

社会文化理论

社会文化理论（sociocultural theory）是列夫·维果茨基（Lev Vygotsky，1896—1943）提出的，这个理论关注的焦点是环境对儿童发展的影响。维果茨基认为，成年人，包括成年直系亲属、旁系家庭成员以及社区成员都会将他们的文化信息传递给下一代（Berk，2008）。他认为，儿童所处的文化环境深深地影响着他们的信仰、技能和习俗的形成

（Kail，2007）。比如，在看重阅读和知识的家庭长大的儿童会获得很多图书，阅读会成为他的亲子互动的一部分。父母每天都会给他读书，帮助他学习阅读，并把他们所秉持的看重阅读和知识的理念传递给幼儿。维果茨基认为，教授信息的方式与所教授的内容一样重要，成年人与儿童共同参与对儿童的学习影响重大。

最近发展区理论

维果茨基主张的社会文化理论认为，在他们的社会和文化网络中，儿童从成年人以及比他们经历更多的同伴那里学习。维果茨基认为有一些学习任务儿童尚不能独自完成，但在其他人的帮助下可以完成，这一区间称为**最近发展区**（zone of proximal development）。这个理论衍生出了现在被儿童早期教育研究者和实践者所推崇的**脚手架**（scaffolding）概念。

脚手架概念是最近发展区理论的一个实际应用，提倡成年照料者在儿童构建学习的过程中逐渐减少对儿童的辅助。脚手架的形式很多：可以是口头的对话，也可以是实际的互动。比如，向幼儿解释玩偶匣的运行原理。口头的脚手架就是向幼儿口头描述如何转动曲柄把手，然后问："你认为转动手柄的时候会发生什么？"实际操作的时候，可以手把手帮助幼儿转动手柄，然后鼓励他尝试自己动手转动手柄。

维果茨基的最近发展区理论可以帮助照料者在教学活动中有效地进行"脚手架"式的辅助。了解儿童的发展阶段特征，可以帮助照料者设计出与发展相适应的解释、提示、演示、辅助的方法，也有助于制订全面的活动计划。比如，串珠活动可以训练幼儿的精细动作技能，在介绍串珠活动的过程中，需要为幼儿演示穿珠子的具体过程，同时，在幼儿操练穿珠子这个新技能的过程中，要对他们进行适当引导。

维果茨基的最近发展区理论强调家庭文化在儿童发展中的重要性，这一点意义重大。基于这个观点，设计活动和投放材料的时候（比如，选择音乐、歌曲、乐器）要考虑到家庭文化因素。[在本书的结尾部分，我会论述**家园连接**（**home-school connection**），加强家园共建。]

生态系统理论

美国心理学家尤里·布朗芬布伦纳（Urie Bronfenbrenner，1917—2005）将儿童发展看作一个生态系统，他认为儿童在成长的过程中，经历各种情景和成长机会，在与人的交往中获得发展。他的**生态系统理论**（**ecological systems theory**）包括四个层面：**微观系统**（**microsystem**）、**中间系统**（**mesosystem**）、**外部系统**（**exosystem**）和**宏观系统**（**macro-system**）。他认为每个层面都和前一个层面相关，由前一个层面发展而来，并向下一个更复杂的层面延伸。在微观系统层面，儿童和每天与他们进行亲密接触的人互动，比如父母、兄弟姐妹、照料者、同伴（Patterson，2009）。在中间系统层面，儿童的人际关系扩展到学校和邻里之间。在外部系统层面，儿童的人际关系继续扩大，延伸到居住社区、大家庭的其他成员，以及父母工作单位的同事。宏观系统层面囊括了儿童生活中的一切内容，包括价值观、信仰、风俗、文化和法律等。

托管机构（比如幼儿教育和保育中心）的幼儿，在微观系统层面，他们对自己的认识基于与托管机构的成年人之间的互动，而不是与父母家人的互动。虽然幼儿的发展主要受微观系统影响，更高层面的生态环境在幼儿的发展过程中也起着非常重要的作用。比如，经济下滑、妈妈失业等现象也会对幼儿的发展产生直接或者间接的影响。家庭收入减少会影响幼儿养育费用或者房租和房贷，甚至导致整个家庭搬家，幼儿不

得不离开保育中心。如果妈妈需要在其他地方寻找工作，要搬到距离工作单位近的地方居住，幼儿也不得不离开他熟悉的保育环境。

　　儿童的发展受到诸多因素的影响，环境的任何改变都会引起幼儿与家庭系统的连锁反应。布朗芬布伦纳强调，如果不考虑儿童所处的环境因素，就无法全面了解儿童的发展状况（Feldman，2007）。根据布朗芬布伦纳的生态系统理论，照料者应该和家庭合作，更深入地了解他们的家庭文化和习惯。

其他当代理论

　　布雷泽顿（T. Berry Brazelton，1981—）和格林斯潘（Stanley Greenspan，1941—2010）为儿童发展领域开辟了新视角。这两位早期教育理论家都是儿科医生，他们非常重视照料者在幼儿成长过程中的重要性，以及照料者和父母与幼儿之间稳固、健康的关系的重要性。布雷泽顿的**触点法（Touchpoints approach）**在很多高品质早教机构和幼儿保育中心都有应用，触点法认为照料者需要接受儿童发展专业培训和教育；主张儿童接受持续照料；要对幼儿进行用心培育；提倡建立积极的师幼关系（Brazelton Touchpoints Center，2007）。触点法倡导照料者和父母建立相互支持的合作关系，以便更好地了解被养育的儿童，维护和加强父母与儿童之间的亲子关系（Singer，2007）。举例来说，有位妈妈很焦虑，她的儿子已经 12 个月大，还不会走路，她非常担心。儿子的照料者告诉她，孩子的各项发展指标符合当前发展阶段的各项标准，同时提醒她每个儿童开始走路的年龄不尽相同，并且安慰她，让她放心。听了照料者的解释，妈妈放心了，不再焦虑。照料者帮助这位妈妈更多地了解了幼儿的发展状况，很有可能会促进他们的母子关系更加亲密。母亲认可照料者的专业知识和技能，也会强化照料者和母亲之间的合作关系。通过这样的互动与合作，照料者和儿童的父母建立起相互尊重、相互理解的合作关系。

格林斯潘最著名的贡献是他所提出的"以幼儿发展标准为基础，兼顾发展个体差异性的关系模式（Developmental, Individual-differences, Relationship-based model，DIR）"，又叫作"地板时光"疗法。格林斯潘研究的对象是有情绪障碍的儿童和自闭症儿童。他认为，对这些儿童的治疗必须综合评估儿童的情感与智力发展状况，以及可能影响儿童社会互动的家族遗传问题（Mercer，2010）。在实施地板时光模式、建立成年人与幼儿关系方面，他强烈建议成年人坐下来，和幼儿一起在地板上玩耍，支持幼儿的想法、积极参与儿童的关系建立，他认为这样做非常重要。因此，他认为照料者和儿童应该花费大量的时间在地板上一起玩耍，这样有助于培养和加强儿童与成年人温馨快乐地互动的能力。他认为成年人坐在地板上，更容易用手势等肢体辅助语言与儿童进行有效交流。格林斯潘的关系疗法，提倡回应式养育，注重建立关系的重要性，是回应式养育工作的理论基础之一。

小结

儿童早期理论有助于我们更好地综合认识儿童的成长发育。埃里克森的社会心理发展理论从终身发展的角度描述了人类发展的各个阶段。埃里克森认为婴幼儿的主要任务是与主要照料者建立信任关系、发展自主性。让·皮亚杰提出了儿童积极思考并主动构建学习的新见解。维果茨基和布朗芬布伦纳强调文化与环境对儿童发展的重要性。布雷泽顿和格林斯潘的观察与见解扩展了儿童研究的思路，强调教师培训、关系建

立以及养育环境的重要性。

　　这些发展理论可以帮助幼儿照料者更好地了解早期依恋关系和早期学习的各个领域。在后面的章节中，我会详细介绍这些早期发展理论的应用，以便为幼儿提供最好的养育。

照料者的工作

- 婴儿需要拥抱的时候，将他温柔地抱在怀中、轻轻摇动。
- 幼儿哭闹时，对他进行安抚。
- 经常更新教室投放的玩具和材料。
- 认可幼儿尝试新活动时付出的努力。
- 使用正面积极的语言，比如"看！你做到了！"
- 创设学习情景，在幼儿的学习过程中提供脚手架式帮助。
- 请家长与照料者分享他们在家里使用的音乐和早教材料。
- 积极回应家长的担忧和焦虑，表达出对他们的尊重。
- 与家长建立合作关系。

关键养育理念

- 要怀有关爱与抚育之心，对幼儿的需求及时做出回应。
- 儿童天生具有好奇心，通过不断试错来学习。
- 在儿童学习的过程中，成年人和儿童之间的互动至关重要。

思考与应用

1. 列举三个理由，说明为什么早教环境让幼儿感觉安全、备受呵护至关重要。

2. 儿童如何构建学习？照料者怎么支持他们付出的努力？

3. 如何将照料者所掌握的发展理论应用到与幼儿的互动中？

4. 如何将信任建立过程应用到照看婴幼儿的工作中？

第三章

建立安全关系与依恋

　　建立安全的人际关系和依恋纽带是儿童人生头三年的重要任务。人一辈子的人际关系都会受到幼年关系的影响。如果幼年的关系充满爱与呵护，儿童将学会关爱和照顾他人，可以与他人建立起亲密的人际关系。

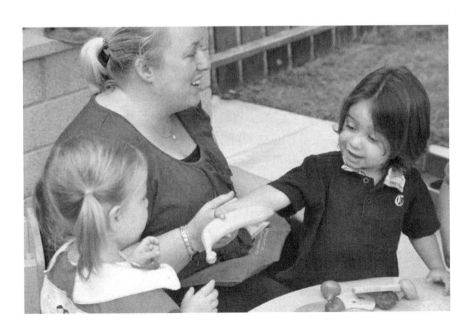

在**安全关系**（secure relationship）中，人会感受到安全，感受到被尊重和重视，儿童可以与很多人建立安全关系。如果照料者感受到了婴幼儿的身心需求，按照幼儿所期望的，为他们提供安全的照料环境和持续养育，儿童会学习到如何建立安全关系。要给幼儿切实的安全感，照料者照料幼儿的时间不一定持续很久，但是关系存续期间，照料者必须积极乐观、充满关爱，反应及时。

和安全关系一样，安全依恋使儿童感到舒适、被保护和被关爱。依恋建立在关系之上，但是比关系更加复杂。依恋存在于儿童与一两个特定的、关系稳定的成年人之间，通常是父母或者其他对他特别重要的成年人。依恋关系比其他关系更加深厚和密切。安全依恋对儿童发展至关重要，照料者必须了解依恋关系的形成过程，知道依恋关系在幼儿早期关系中的作用。

在高品质早期保育项目中，婴儿与学步儿会和他们的基础保育员建立安全的人际关系。基础保健被认为是最好的养育实践不可或缺的部分，有助于幼儿建立健康关系。照料者可以帮助幼儿和父母等其他重要人物建立安全依恋关系，鼓励父母探望幼儿的时候和幼儿多待一会儿。每天和幼儿的父母交流幼儿的情况是高品质保育不可或缺的，将幼儿一天的活动以及他在各发展领域的进展状况告诉父母；保持敏感的心，尊重父母和儿童之间的关系，给父母提供机会，让他们做班级志愿者。（第五章有如何设计早教情景，支持父母与儿童建立依恋关系的建议，我也会在本书的结语部分谈到如何与父母合作的更多内容。）

研究发现，儿童的安全依恋与他们的身心健康关系密切。（在本书第六章，我会举例说明依恋关系如何导向健康的社会性－情绪发展。）

依恋理论

依恋理论最初出现在 20 世纪 50 年代哈里·哈洛（Harry Harlow，1905—1981）的著作中。哈洛的研究至今还影响着早期教育专家对母子关系的见解。哈洛做了一个著名的研究，他把小恒河猴和两个代育母亲关在同一个笼子里。一个代育母亲是用铁丝做的，可以提供食物；另一个不能提供食物，但被柔软的毛巾包裹着。观察发现，尽管幼猴们会到有食物的铁丝妈妈那里寻找食物，但当它们独处时，它们只依偎在裹着柔软毛巾的妈妈身边。它们的行为表明，温暖和舒适与食物一样是生存所必需的。哈洛的研究引起了精神病学家约翰·鲍尔比（John Bowlby，1907—1990）的注意，他将哈洛的研究进行了扩展，并进一步研究了如何将其应用于人类。

鲍尔比提出，亲子互动产生情感联结，他将这种联结称为依恋。他认为婴儿对父母的依恋会影响他终生的信任关系（Berk，2008）。他推测，啼哭是婴儿天生的一种向父母和其他照料者发出需求信号的能力，是幼儿与人建立联系和对他人产生依恋的第一步。父母和婴儿之间的情感联结形成安全的依恋关系。

鲍尔比的关于亲子关系重要性的理论影响着儿童早期教育专业人员及父母

对幼儿的照料工作，形成如今广为流传的一个早教观点，即与有爱心的成年人亲近在儿童的发展过程中作用重大（Patterson，2009）。鲍尔比认为，对幼儿的需求缺乏回应、照料行为前后矛盾会对幼儿的身心健康产生负面影响。和埃里克森一样，他认为信任是儿童持久的爱与亲密关系能力的核心。

玛丽·安斯沃思（Mary Ainsworth，1913—1999）在鲍尔比的研究基础上进一步研究了婴儿对分离的反应。她研究了婴儿与陌生人接触时发生的行为变化，以及他们与已经和他们形成安全依恋关系的成年人分开时的行为变化。安斯沃思观察到，婴儿与父母分开时表现出的安全程度有所不同。她的研究确定了三种依恋类型：

- 安全型依恋
- 回避型依恋
- 抗拒 / 矛盾型依恋

玛丽·梅因（Mary Main）和朱迪斯·所罗门（Judith Solomon）在1986年提出了第四种依恋类型：**混乱型依恋（disorganized attachment）**。

安全型依恋

安斯沃思注意到，有些婴儿在父母面前知足自信。有安全依恋的幼儿拥有安全感，只要被依恋的人（通常是父母）在场，就感到安全，并认为会随时得到照顾。这样的幼儿只有在需要安全、保护和舒适的时候才会寻求父母的贴身陪伴。安斯沃思称这些幼儿与他们的生活中稳定的成年人具有**安全型依恋（securely attached）**。她认为，父母和幼儿之间的安全依恋是幼儿情感健康的基石，也是他们未来关系的基础。在人生前三年形成安全依恋关系的幼儿更有可能在成年时期形成亲密、相爱、持久的关系。

回避型依恋

有些幼儿从不到父母那里寻求舒适和安全感，不相信所依恋的人会保护自己、照顾自己，大人不在的时候不会哭泣、难过，相反，却有意躲避与他亲近的人，安斯沃思称这种依恋为**回避型依恋**（avoidant attachment）。在这些儿童的生活中，成年人没有为他们提供安全、保护和舒适。这样的儿童在成长过程中会回避依恋关系，他们很可能回避与他人建立亲密关系，以此隐藏或压制他们的内部情感。

抗拒 / 矛盾型依恋

在依恋关系中，被依恋的人的回应前后矛盾或模棱两可，这样的儿童会形成**抗拒 / 矛盾型依恋**（resistant/ambivalent attachments）。这样的幼儿不确定成年人是否会保护或照顾他们。因此，他们对成年人表现出一种既想亲近又想回避的混合现象。他们对其他成年人，例如，照料他的人，也表现出焦虑和黏人的现象，同时，又与他们生活中的重要成年人保持着一定距离。具有矛盾型依恋的儿童有可能很难被安慰，拒绝身体接触。他们不信任这个世界和成年人，他们日后建立持久亲密关系很可能出现问题。

混乱型依恋

顾名思义，这是一种最不可预测、前后矛盾的依恋形式，也是最不常见的一种依恋。混乱型依恋儿童的行为不受依恋对象的行为影响，他们的行为可能显得怪异和随意；与依恋者的行为和反应不一致。他们允许成年人把他们抱起来，但成年人触摸他们的时候，他们的身体会变得僵硬。这个时候，他们有可能会哭泣，呆滞不动，或者茫然地看向远方。他们很可能不愿意目光接触，对成年人疏远、无反应。遭受过创伤的儿童，包括被严重虐待、忽视和孤立的儿童，最有可能形成混乱型依恋。他们与他人建立亲密的、爱的关系非常困难。成年以后，他们通常难以建立持久的亲密关系。早期遭受的心理创伤很可能会使他们容易焦虑和抑郁。

与成年人建立起安全依恋和安全关系的儿童在埃里克森的各个成长阶段都表现出信心和自主性。随着渐渐长大，他们表现得乐观、主动又积极，可以很顺利地进入埃里克森的发展阶段的下一个阶段。儿童生命的前三年会帮助他们建立起安全感、信心以及自我意识，这些是他们社会性 – 情绪健康发展的基础。（我会在第六章进一步讨论这个话题。）

在第二章，我曾经提到布雷泽顿鼓励照料者与幼儿父母及幼儿建立关系。他认识到对父母有安全依恋的儿童也能和照料者建立起安全的关系。布雷泽顿向父母们保证，和照料者建立良好关系的儿童甚至会更加爱他们的父母（Brazelton，2012）。他认为初为父母的人需要知识丰富的幼儿照料者的支持和帮助，能力强、有爱心的专业人员，训练有素、知识丰富、术业专攻，是新手父母最好的帮手。布雷泽顿确信，父母和照料者应该相互支持，共同行动，一起养育和照料幼儿。

回应式照料者要了解幼儿与成年人之间具有安全依恋的标志。具有安全依恋关系的幼儿的行为有如下特征：

- 看见父母的时候很开心。
- 进食的时候神情轻松，乐于看着喂食者的眼睛。
- 坐在熟悉的成年人身边，舒适自如。
- 摔倒或者受伤的时候，会到熟悉的成年人那里去寻找安慰。
- 表现出咿咿呀呀想要说话、与人沟通的欲望。
- 会微笑或者挪动身体，试图靠近熟悉的成年人。
- 愿意与熟悉的成年人一起玩耍。
- 开心地大笑，表现出欣喜和热情。

在高品质保育环境中，回应式照料者会帮助父母与幼儿建立安全依恋。下面是照料者能够帮助到父母的一些建议：

- 每天和父母聊聊他们孩子的情况，包括：饮食、睡眠、如厕、玩耍……
- 提供一个安静的场所，让父母每天可以在那里和幼儿告别。
- 提供一个安静祥和的地方，供妈妈们给幼儿哺乳。
- 把每天的作息时间、活动计划以及特别活动方案等张贴出来，供父母浏览。
- 鼓励父母到幼儿的保育中心听课或探访。
- 尊重幼儿的家庭文化和信仰；将家庭文化和信仰融入幼儿的日常照料中。

为了帮助家长感受到幼儿在保育中心时依然与幼儿息息相通，鼓励家长主动向照料者询问幼儿在保育中心的日常活动和成长情况。学习并掌握儿童成长与发展阶段的特点，可以帮助父母理解幼儿的成长历程。和新手父母分享幼儿成长的信息和资源，给他们提供能够减轻新手压力的帮助。鼓励父母和照料者分享幼儿在家里的变化，比如饮食、睡眠等方面，这些变化有可能会影响他们在保育中心的生活；鼓励父母与照料者分享他们对幼儿与他人关系方面的担忧。（在本书结尾的总结部分，我会谈到家园合作。）

小结

在过去的 60 年间，研究者认为儿童的情感健康与他们早期依恋及

关系的建立密切相关。幼儿的健康安全关系和依恋建立在与他们稳定相处的成年人对他们的关怀与爱心之上，早期关系将影响人的一生。虽然儿童可以和不止一个人建立安全依恋，幼儿安全感的主要来源通常是父母。早期依恋研究者哈里·哈洛证实幼年灵长类动物不仅需要食物，也需要身体的舒适和亲密接触。约翰·鲍尔比认为新生儿天生会啼哭，意味着他们自出生起就开始与人建立联结和依恋。安斯沃思和她的同事们将鲍尔比的理论加以扩展，提出三种依恋类型。布雷泽顿特别强调照料者和父母之间建立牢固关系的重要性，进一步拓展了我们对关系和依恋的认识。

无论是参考研究者的研究结果，还是自己对幼儿进行观察（其实我希望照料者既参考研究者的研究成果，又细心观察），都会让照料者明白，再怎么强调早期关系和依恋的重要性都不为过，它们是建立整个人生信任和安全感的基础。

照料者的工作

- 经常和父母谈论幼儿的成长和发展。
- 强烈建议采用持续保育。
- 满怀爱心地照料和回应幼儿的个体需要。
- 遵循日常作息时间表，让幼儿拥有稳定的、可预测的生活环境。
- 给父母提供婴幼儿成长发育的相关信息和知识。
- 创造一个让幼儿和父母感到被支持的环境。
- 与幼儿家人合作，共同照料幼儿。

关键养育理念

- 早期的关系决定未来的关系。
- 安全的依恋关系从婴儿期开始，贯穿一生。
- 幼儿可以与不止一个照料者建立安全关系，同时保持和父母的安全依恋。

思考与应用

1. 如何帮助幼儿和主要照料者建立安全依恋？
2. 怎么做能更好地支持良好的亲子关系？
3. 如何与幼儿建立安全关系？
4. 怎样让照料者和幼儿建立更加安全的关系？
5. 哪三件事情可以帮助照料者创建一个可靠、安全的保育环境？
6. 为刚来到保育中心的幼儿制订一个加强安全关系的计划。

早期学习的影响因素

　　如今，人们对幼儿发育的了解越来越多，大脑成像技术使我们更清楚地了解儿童大脑的发育过程，行为研究使人们更多地了解人的气质、**发展适宜性实践**（developmentally appropriate practice，**DAP**）以及游戏的重要性。照料者必须综合考虑这些相关知识，才能与幼儿建立更好的关系，为幼儿创设高品质的学习环境。首先，照料者要考虑对幼儿生命的**先天影响**（nature influence）和**后天影响**（nurture influence）。要知道幼儿的基因各不相同，基因决定幼儿的眼睛和头发的颜色，他们的身高和技能优势也由基因设定，我们将这些因素称为先天因素。每一个幼儿都降生在某个特定的社会文化中，不同的社会文化对人生有不同的认识和解读。幼儿的家人以及其他照料幼儿的人，左右着幼儿的日常生活，对幼儿

的成长发育造成巨大影响，这些因素称为后天影响。

幼儿照料者和家人要共同努力，为幼儿提供丰富的语言、活动的体验和场所。先天因素与后天影响的争论早在 17 世纪就已经兴起，并且愈演愈烈，短期内也不太可能得到解决，不过，大多数幼儿专业人士一致认为，高品质的成长环境和高品质的照料者对幼儿的情感健康和发展影响重大。要给幼儿提供丰富的经历，刺激幼儿的大脑发育，积极影响幼儿的成长，使他们的思考能力和学习能力得到最大发展。

大脑发育

人的大脑自受孕 4 周起开始发育，中枢神经系统的原基——神经管这个时候开始形成。神经管通过细胞快速分裂形成神经细胞，也就是**神**

经元（**neuron**）。幼儿出生的时候，大脑已具有十亿个神经元。这是先天形成的。在生命的最初几年，神经细胞连接受到幼儿的生活经历影响，受到强化或削弱，这是后天影响。神经元连接被强化或削弱会对儿童的大脑产生终生的影响。

神经元负责存储和处理信息。每个神经元通过末端的**树突**（**dendrite**）接收来自相邻细胞的信息，并通过神经细胞将信息传递到神经元另一端的**轴突**（**axon**）（长长的带状纤维），轴突将信息传递给相邻神经元的树突，这就像一个中继系统，其中的连接器和细胞体之间有间隙，称为**突触**（**synapse**）。突触连接是所有生物生存及跨领域发展必不可少的。

神经元的树突通过突触的化学传递与另一个细胞的轴突连接，其中化学发射器称为**神经递质**（**neural transmitter**）。**神经胶质细胞**（**glial cell**）通过**髓鞘**（**myelin sheath**）支撑着神经元，并将轴突覆盖，提高了轴突间处理信息的速度，轴突被覆盖的过程称为**髓鞘化**（**myelination**）。髓鞘化始于幼儿出生之前，持续到青春期。如果神经元得不到突触间神经递质的刺激，就不能生存；神经元死亡被称为**突触修剪**（**synaptic pruning**）。所以，幼儿大脑必须被刺激，以便尽可能多地建立神经连接。

幼儿的大脑在 0—3 岁比其他任何时候都活跃。研究人员将幼儿大脑对突触修剪和刺激的敏感性称为大脑**可塑性**（**plasticity**）：幼年的大脑可以轻松自如地应对和适应变化。幼儿大脑的发育受到经验（或缺失经验）的深刻影响，照料者应该利用幼儿大脑的可塑性，为幼儿提供形式多样、充满刺激的成长环境。照料者对婴儿的哭声做出温暖而体贴的回应时，他们的大脑会产生积极的反应。换句话说，通过为幼儿提供丰富的活动机会，照料者可以确保幼儿的大脑得到最好、最健康的发育。（本书的配套图书《婴幼儿回应式养育活动》提供了很多可以刺激幼儿认知发展的活动。）

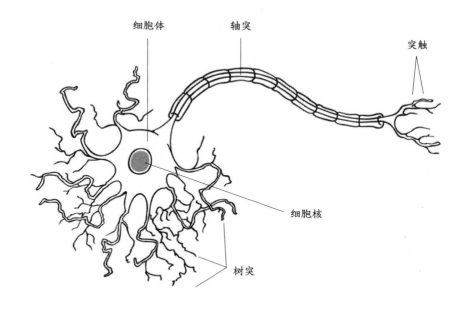

另外，大脑的不同区域承担着不同功能。大脑有两个半球，由神经纤维网连接在一起。左半球主导语言和逻辑思维，右半球主导情感和空间思维，如模型识别、绘画和音乐。和儿童聊天、读书和唱歌给他们听，可以刺激他们大脑的不同部分的发育，增强突触联系，修剪突触。不过，在日常活动中，左右脑的区分并不这么严格，两边的功能通常出现混合现象。丰富的环境和活动经历能刺激幼儿大脑两半球的发育，使它们获得同步发展。

对发育迟缓的儿童来说，早期干预非常重要。如果照料者发现被照料的幼儿表现出发育迟缓的迹象，要尽快与幼儿的父母沟通，帮助他们寻找发育筛查专业人员的帮助。

气质

···················

　　每个幼儿都有独特的气质，这里我们再次说到**先天**的概念，气质被认为是天生的、与生俱来的，会随着时间的推移逐渐稳定（Churchill，2003）。气质影响儿童与他人的互动方式，也会影响他们对生活常规、挫折和不适的反应方式。儿童接收信息、对噪音的反应方式、适应刺激和变化，以及亲近他人，也受到气质的极大影响。作为一名回应式照料者，应该对0—3岁儿童的气质类型保持敏感，对幼儿的照料方式应因人而异。

　　气质是影响儿童人际关系建立、与他人互动的重要因素。亚历山大·托马斯（Alexander Thomas）、斯特拉·切斯（Stella Chess）和赫伯特·G. 伯奇（Herbert G. Birch）（1970）做了一项著名的气质类型研究，对一组研究对象从婴儿到成年进行长期观察。基于他们的纵向研究结果，他们将婴儿气质分为三个类型：

类型	特点
容易型	容易型婴儿通常很快乐，很容易养成规律的作息，并且能很快适应环境变化。他们的饮食和睡眠习惯很有规律，到了学步年龄，他们很容易学会如厕。他们很快乐，面对痛苦仅表现出轻微的挫折感。这种性格的幼儿照顾起来很轻松；他们能很好地适应幼儿保育环境。
困难型	困难型婴儿日常反应被动，很难适应生活常规，拒绝改变。午间和夜间入睡困难。他们极易哭闹，哭起来很大声，适应变化缓慢。他们喜怒无常，动辄大发脾气。如果不了解这种气质类型的特点，照料者很难照顾这种类型的幼儿。最好把难相处的幼儿和能给他们提供最大耐心和理解的照料者搭配在一起。

（续表）

类型	特点
迟缓型	和其他两种类型的幼儿相比，迟缓型婴儿相对不活跃，适应新环境和变化的速度比较慢。他们的情绪通常也比较消极，在群体中不容易被注意到。他们适应新环境比较慢，如果还没有准备好，被迫加入一个群体，他们可能会紧紧抓住成年人不放手。照料者应特别注意如何为迟缓型幼儿引入和安排新活动。要慢慢地让他们参加新活动，以适应他们的气质类型。

　　无论幼儿的气质如何，都要为他们提供最好的照料，这是照料者的职责。为了为幼儿找到适合照顾他们的照料者，必须要了解幼儿的气质，并对他们在困难情景下如何回应保持敏感。幼儿和成年人之间的**吻合度（goodness of fit）**对儿童的认知和社会发展具有显著的积极影响（Churchill，2003）。吻合度指的是儿童和照料者之间的连接以及幼儿"天生特质和环境状况"之间的契合性（Feldman，2007，195）。要把困难或迟缓型的幼儿与热情、温柔、愿意慢慢为幼儿引入新活动并不断鼓励幼儿尝试的照料者搭配在一起。

　　如果照料者发现很难对一些幼儿做出积极反应，或者开始对一些幼儿感到不耐烦，在把幼儿交给他人照料之前，要综合考虑各种情形。早期保育项目要竭尽所能提供环境，确保所有被照料幼儿的身心安全。匆忙行事很少能真正解决问题。在采取任何行动之前，照料者、家长和保育机构负责人应该进行充分的沟通和交流。所有幼儿都需要照料者的耐心和体贴。无论难相处的幼儿的行为多么令人恼火，都是照料者学习更有效地沟通及自我控制的机会，学会更好地与人相处。照料者感到难以应对幼儿的行为时，可以尝试了解幼儿的气质，提高自己的人际交往能力，更多地了解儿童发展的相关知识。

了解气质方面的信息，有助于照料者计划照料活动、理解幼儿的行为，更好地支持幼儿的发展。例如，引入新的游戏活动时，针对性格不同的幼儿，活动引入方式应该不同。

学习环境

学习环境要适合幼儿的气质和发展阶段。高品质的早教项目应该为0—3岁儿童提供发展适宜性实践。发展适宜性实践是儿童早期教育领域的一个常用术语，囊括一系列适应儿童不同年龄、发育阶段和特殊需要的早期教学方法，同时包含很多早教环境设置的建议，包括家具、照明设备、午睡区、更衣室、用餐区、游戏材料、手工及艺术用品的要求和标准等。

与发展相适应的学习环境和保育实践可以为儿童提供最好的早教机会和活动空

学步儿的气质

学步时期是情感和情绪迅速变化的时期。初学走路的幼儿有可能让人感觉难以应对、具有挑战性、脾气暴躁，比如动辄发脾气或长时间哭闹。他们可能刚刚还对人又抓又挠，下一秒就柔声安慰同伴。学习新技能（比如分享）时，他们常常受挫。即使是性情随和的幼儿偶尔也会发脾气，这种情况很常见。但是气质是稳定和持久的，随着年龄的增长以及新技能的增加，大多数幼儿乱发脾气和哭闹的时间都会越来越短。一旦初学走路的幼儿在表达需求、管理情绪方面更有技巧和办法，他们的挑衅行为就会越来越少。

间，便于幼儿提高现有能力，学习新技能。受到与发展相适应的早期保育的幼儿，他们的需要会得到及时满足；个性获得尊重；照料他们的成年人会认真和他们交谈，并用心倾听他们的心声。照料者认同对幼儿进行全面培养的重要性，并为幼儿提供机会，让他们获得各领域的成长和发展。在一个精心设计、运行良好的保育项目中，照料者和幼儿家人相互支持，坦诚交流，力求幼儿无论是在家里，还是在保育中心都能积极参与活动。

游戏很重要

幼儿是在玩耍中学习和成长的；童年就是要尽情玩耍，参与各种游戏，使幼儿的身体和大脑都得到锻炼。幼儿在游戏中发展情感，获得解决问题的能力，学习语言并拓展想象力。幼儿并非天生就会玩耍——他们需要在游戏中学习如何玩耍。先是跟着大人学，然后同伴之间相互学。照料者可以为幼儿做出示范，并为他们提供脚手架式帮助。唱歌给幼儿听、给幼儿挠痒痒、亲吻0—3岁儿童都会刺激幼儿的大脑，有助于和他们建立关系。鼓励幼儿推拉玩具、玩滑梯、骑儿童三轮车，让幼儿享受新获得的技能。在沙游或戏剧表演区与同伴分享或玩耍的过程中，幼儿的技能便得到发展。游戏可以教会幼儿与他人互动。

只要新生儿与照料者建立起联系，游戏就在他们之间展开了。婴儿会模仿照料者的神情举止，渐渐树立起掌控世界的信心。仔细观察 0—3 岁的幼儿，你可以发现幼儿一直忙着通过他们的感官对外界进行感知和探索，在不断试错中学习。婴儿大部分时间不是在独自玩耍，就是和照料者互动。幼儿渐渐长大，对他人的了解越来越多，对同龄人的关注也越来越多。随着语言能力、认知能力和运动技能的提高，他们开始合作。到 3 岁的时候，大多数幼儿都可以运用日渐发展的想象力和社交技巧与他人玩假装游戏。

活动设计应该以游戏为主，要与幼儿不断增长的技能相适应，让儿童主导自己的游戏。环境设置和材料要确保儿童可以自由安全地玩耍。这么做不是为了方便照料者放任自由，相反，在儿童游戏时，照料者应该细心观察，随时／适时地给幼儿提供脚手架式的帮助和指导。问开放性的问题，保持幼儿的注意力，对他们的游戏表示认可，并努力保护和增强他们的自我意识和自尊心。借助新的学习材料，帮助儿童获得新技能，达到发展里程碑。记住，以儿童为主导的活动会强化照料者与幼儿的关系，同时也能让幼儿感受到学习的乐趣。

要记住，儿童参与游戏的时间、对游戏的参与度和承受力是不同的。一些幼儿可能很享受长时间的打闹游戏，而另一些幼儿可能无法承受激烈活动，活动激烈时就会呜咽哭泣，这类幼儿更喜欢安静轻松的游戏，

比如分拣立方体或串珠子。

感到刺激不足或兴奋过度时，0—3 岁儿童会发出信号，照料者要提高对这些信号的理解力。婴儿感觉刺激不足时，会用哭声或笑声邀请照料者与他一起做游戏。他们也可能会晃动胳膊和腿，来引起照料者的注意。有些幼儿感觉无聊时，会拿起玩具或书来到照料者跟前，示意照料者读书给他听或者和他一起玩玩具。婴儿被过度刺激时会哭，并把目光从照料者身上移开。被过度刺激的幼儿有可能会在不同的活动间来回转换，无法专注于任何一个活动，也可能会突然哭泣或者大发脾气。准确地理解幼儿发出的信号，尊重他们的需求，根据他们的需要调整保育环境。下面这些做法可以帮助照料者支持儿童的活动：

- 根据儿童对游戏活动长度和强度的偏好，提供适宜的活动。
- 用动画为儿童演示游戏方法。
- 在游戏时，用童趣的声音与幼儿交谈。
- 用儿童的方式玩玩具，向儿童演示玩具的更多用途。
- 为儿童提供独自玩耍或与同伴一起玩耍的时间和空间。
- 在地板上与儿童一起玩耍。
- 提供跨学习领域、难度不同的玩具（例如，用以计数、排序和分类的拼图和玩具）。
- 一次引入一个新玩具，让每一个幼儿都有探索和玩耍的机会。

成年人的个性和游戏风格各不相同，婴儿很快就能学会把父母和照料者区分开。照料者可以帮助父母理解和享受他们作为幼儿第一任教师的角色，让他们明白游戏在幼儿学习中的重要作用。协助家长与幼儿一起玩耍，为健康的关系和**成长力**（developmental competencies）提供支持。如果家庭和保育中心的环境同样有趣，儿童会获得内外一致的信息，感受到学习的乐趣。他们也能在不同的环境中认识自己。区分自我和他人是幼儿自我意识和自我认同的重要一步。

通常来讲，和婴儿一起玩的主要是成年人。随着年龄的增长，幼儿开始观察其他幼儿的游戏过程。大一点的婴幼儿由独自玩耍，发展到和同伴待在一起各自玩耍，最后变成和同伴一起玩耍。幼儿通过和同伴一起玩耍获得社会性－情绪技能：学会分享、轮流、管理情绪，练出耐心。幼儿通过游戏丰富了**接受性语言**（receptive language）和**表达性语言**（expressive language），通过运动和感知技能认知世界。给幼儿设计多样化的活动，提供各式各样的玩具让他们自由探索，让他们的成长环境与他们的发展相适宜，让游戏成为他们学习的中心。

小结

···································

照料 0—3 岁儿童时，要考虑到先天和后天因素对他们的巨大影响。核磁共振成像技术（magnetic resonance imaging，MR1）等科学技术拓展了人们对婴幼儿大脑发育的认识。现在，我们认识到，能够刺激脑神经产生神经连接的成长环境有助于儿童大脑变得更加精细和复杂。早期干预有助于儿童最大限度地发挥学习潜力，这一点非常重要。了解性格类型有助于理解幼儿对常规、挫折和不适的反应，要根据每个儿童的性格特点调整照料策略。要以游戏为基础，实施与发展相适宜的实践活动，尊重和有效地回应每个幼儿的文化和语言需求。

照料者的工作

- 提供多样化的游戏活动，如读书、唱歌、音乐游戏等。
- 提供多样化的感官经历。
- 带儿童到户外散步，给他们解释沿路看到的一切。
- 对不同性格的幼儿，做出不同的回应。
- 对情绪沮丧的幼儿多一些耐心。
- 早教环境要有利于帮助儿童达到发展目标。
- 儿童发出游戏邀请时，及时回应。
- 设计可以和儿童共同玩耍的游戏。

关键养育理念

- 活动丰富多样，可以刺激幼儿大脑的发育。
- 儿童具有不同的气质。
- 游戏是童年的第一要务。

思考与应用

1. 列举照料者能做的三件事情，来支持新生儿的大脑发育。
2. 列举照料者能做的三件事情，来支持学步儿的大脑发育。
3. 如何照料气质类型不同的幼儿？
4. 列举三种照料者可以与儿童共同玩耍的活动。
5. 应用发展适宜性实践原则设计一个活动方案，以提高照料者与幼儿之间的互动，改善照料者的教学策略。

第五章

回应式学习环境

高品质养育需要有安全、可靠、包容的**回应式学习环境**（**responsive learning environment**）。政府的相关政策和实践管理条例也要求幼儿照料环境及其中的人和事都要以健康安全为前提。本章讨论的是回应式学习环境的要素，以及如何确保各要素达到为幼儿提供最佳学习机会的目的。

环境设计

如前所述，高品质学习环境对幼儿的成长和发展具有重大影响，学前教育和照料环境应该能促进儿童学习。许多儿童白天的大部分时间都在早教场所，吃饭、睡觉、玩耍都在那里，有些幼儿晚上也住在保育中心。因此，早教管理机构提出早教环境设计方面的要求及建议也就不足为奇了。他们在健康、安全、环境包容性和课程设置等各个方面提供了很多最佳

实践方案。

环境设计应该从最基层做起，即以儿童的身心健康与安全为基础，对所有幼儿及其家庭开放。室内和室外设计都应该以有助于鼓励儿童自由活动、积极掌握新技能为原则。照料空间应该被分割成各种功能区域，大部分功能区都应该允许儿童进入，游戏器具应该充足且目的分明。

奥尔兹（Olds，2001）观察发现，物理空间是有特殊需要的幼儿面对的最大环境障碍之一。真正高品质的早教环境，无论是室内还是室外的，都应该确保对所有幼儿无障碍。在学习过程中，幼儿需要四处走动，自由地与人和物互动。

欢迎空间

幼儿抵达保育中心时，陪伴他一起来的家人需要一个轻松愉悦的空间和幼儿道别。这个空间应该能向父母清楚地表明照料者对幼儿的关爱。欢迎空间是一个展示照料者照料理念的好地方，可以在这里为每个幼儿设置一个小隔间。把幼儿的名字和照片贴在他们的小隔间里；两三岁的幼儿很快就会知道哪个是自己的隔间，并开始把自己的私人物品存放进去。设立家庭公告牌，把保育中心的作息时间张贴在上面，随时更新各种活动及事件计划，有关儿童教养的信息资源也可以张贴在上面。白板是个不错的选择，照料者可以很轻松地在上面添加或删减家庭通知之类的即时信息，幼儿的教学活动照片也可以张贴在这里；这可以帮助家庭了解幼儿在保育中心的生活点滴，加深家长与幼儿之间的联系。设立一个安静的空间，这个空间可以邻近欢迎空间，哺乳期的母亲可以在那里给婴儿哺乳。要确保这个空间与接送幼儿的空间是分开的，并且要远离嘈杂的教室。欢迎空间应该布置得温馨宜人，因为这里是幼儿与父母分离，过渡到保育中心的地方。

室内空间

室内应该是一个独特的空间，儿童既可以在里面进行自由探索，又可以安静地活动。安排好室内空间，让幼儿与照料者及其他照料人员保持密切联系。婴儿需要经常被抱在怀里，两三岁的幼儿需要空间进行探索和玩耍。一定要在婴儿照料空间放置一些质地柔软、低矮的家具，安置一些裹着软布的低矮斜坡，便于正热衷于四处爬的婴儿练习爬行。依据幼儿发展阶段的特征划分活动区域，使活动空间设置与他们的发展阶段相适应。例如，可以放一些低矮的墩子，刚学站立或走路的幼儿可以借助它站起来，练习双脚走动。同时，安放一张低矮的桌子，桌子上可以摆放一些幼儿能够自己完成的拼图，供那些已经能轻松站立起来的幼儿使用。要确保婴幼儿的房间有足够的空间，让每个幼儿都能自由地站、坐、摸、滚、爬行、走动，既不妨碍他人，也不致伤害自己。

爬行可以使婴儿的肌肉更加强壮，也有助于他们运动技能的发展，促进他们的身体发育，为学习翻滚、坐起和站立做好准备。尽量让爬行时间成为幼儿热切盼望的时间，同时，要为婴儿提供用于观看和

玩耍的物体，比如软球、布书、小镜子和分类立方体等。（第七章将进一步讨论身体发育的内容。）

幼儿一旦可以独立行动，很快就会发现地毯、瓷砖和木头的质地是不同的。在这些质地不同的平面上，幼儿学习摸爬滚打，迈出人生的第一步，随着动作越来越协调，他们会适应脚下所踏、腹部所触的不同地面。慢慢地，他们就会感受到所接触的平面是光洁平滑的，还是粗糙不平的。为了掌握如何通过某种地面，他们可能需要在上面挪动、尝试很多次。要确保地毯柔软，温暖，没有破洞或破损；确保地板平滑，没有障碍。

合理安排空间，使之适用于不同年龄的儿童。在婴儿房设立一个阅读角，将大量的布书和纸板书放在那里，在墙上安装低矮的镜子；要有

安静区域，利于他们睡觉；要有开放空间，利于婴儿爬行和探索。两三岁的幼儿需要辅助操控身体活动的矮桌子，可以坐在上面的大枕头；要有可以搭建积木的地方，还要有可以玩表演游戏的地方。在活动空间放置的玩具和游戏材料要有不同的难度，以便能力不同的幼儿操练技能。不适宜放在桌子上的材料，应该放在低矮的置物架或书架上，或者筐子里，方便两三岁的幼儿取用。在玩具置物架和书架上贴上标签，标明所摆放物体的名称和图片，有助于幼儿把实物和文字关联起来。

在早教环境安置镜子的好处数不胜数。婴儿特别喜欢照镜子，不过，镜子的好处远超过满足婴儿照镜子的需求。镜子能照出幼儿周边的事物，有助于提高幼儿的安全感。透过镜子，幼儿了解到他们是独立又独特的个体。在墙的低矮处，安装有安全扶手的亚克力安全镜子，让幼儿可以看见自己在镜中的影像，指着镜中的幼儿，把他的脸部特征描述给他听，帮助他在众多影像中将自己认出来。

要尽力确保幼儿所处的环境中没有尖锐的棱角。如果无法避免棱角，把棱角用软垫包裹起来，以保护年幼的爬行者和蹒跚学步者不被棱角伤到。玩具和书籍区要摆放有序，可以把墙壁涂成浅色，让空间显得更加舒适，大地色（如棕色和米色）和灰白色的墙壁有助于增强房间温暖安详的感觉。可以用鲜艳的颜色做一下点缀，但是不要用色彩明亮、饱和度高的有色涂料或墙纸——它们可能会过度刺激和分散幼儿的注意力。

理想情况下，教室白天大部分时间可以采用自然光，只有在阴天的时候才增加人造光，要确保人造光温暖柔和。

光线、温度、声音和纹理等可以为正在成长发育的幼儿提供各种感官刺激。趴在地板上，从幼儿的角度查看四周：看光线如何从地板和窗户上照射进来，随时调整光线的强度，避免儿童暴露于强光之下。调节加热和制冷系统，使地板附近的空气温暖舒适。铺上地毯，降低不可避免的噪音。

可以用有机玻璃分隔房间，让幼儿可以清楚地看到其他人和游戏活动。用有机玻璃布置一个展示区，展示幼儿的活动照片和画作。也可以用有机玻璃在墙上规划出一个学习区，将人和物的图片放在里面展示，

根据幼儿兴趣的变换，随时更换展示内容。可以利用展示区，和幼儿讨论他们的探索经历，这既可以构建他们的词汇，又可以培养他们的学习兴趣。要确保有机玻璃板没有粗糙或锋利的边缘。

不要忘记儿童最基本的身体需求。换尿布、如厕、洗手和吃饭都需要安全空间。备餐、喂奶和进食区域应该与其他空间分开。每一个区域的设计都应该让照料者很容易看到所有的幼儿，可以方便迅捷地赶到他们身边。

安静空间

0—3 岁儿童需要平静安宁的地方放松身心。在热热闹闹、活力四射的儿童房间里，创造这样一个空间是很大的难题。在出入频繁的嘈杂区

域中划出安静的区域，最有可能的位置是靠近睡眠区和阅读区的角落。安静空间可以给幼儿提供一个安静学习、享受个人私密空间的机会。在那里，照料者可以摆放一些柔软的垫子或大枕头，幼儿可以舒适地坐上去休息放松。鱼缸、柔软可爱的玩具和各种书籍是安静空间的绝配。

睡眠区

幼儿大部分时间都在睡觉，所以，设计空间的时候，要优先规划出有助于0—3岁儿童睡眠的区域。有些地方政府的早教政策对0—3岁儿童的睡眠区，包括其中的婴儿睡床，有明确的规定。毫无疑问，要遵循政策要求，除此以外，还可以增添一些额外辅助设施，以满足不同年龄发展阶段的需求，有助于幼儿更好地睡眠、充分地休息。睡眠区光线要暗，亮度要可调节，配上轻柔的音乐，利于婴儿入睡。摇椅或者摇动式沙发可以安抚哭泣躁动的幼儿，一定要在睡眠区安放一两张摇椅或者摇动式沙发。每个婴儿都应该有自己的婴儿床，每个幼儿也都应该有自己的带围栏和床上用品的床。

关于睡眠，需要格外留意的是：为了确保幼儿的睡眠安全，一定要让幼儿躺着睡觉。**婴儿猝死综合征**（**sudden infant death syndrome，SIDS**）的相关研究表明，趴着睡觉比躺着睡觉更容易引发婴儿猝死。1994年，美国儿童健康和人类发展研究所（National Institute of Child Health and Human Development，NICHD）和美国儿科学会建议婴幼儿睡觉时用仰躺的姿势。作为回应，医学专家组织发起了安全睡眠运动，力图要家长和照料者知道幼儿躺着睡觉的重要性。婴幼儿照料者应该接纳这些建议，并告诉家长这些建议的重要性。

关于安全睡眠，除要躺着睡觉以外，还有更多需要留意的地方。比如，不能把婴幼儿放在沙发、水床等柔软的地方睡觉。婴儿的床上不要放置枕头、毛绒玩具、厚重的被子、毯子等物品；床垫要硬实；避免过热；在婴幼儿睡觉的过程中，要避免他们的头和脸被蒙住。

最近，人们发现了更多的可能导致婴幼儿猝死的风险：2—4 个月大的婴儿发生猝死的风险最大，非裔美国人和美国印第安人婴儿格外脆弱，早产儿、出生体重过轻的婴儿、低龄产妇婴儿，以及酗酒或者吸毒产妇的婴儿，猝死风险也很大（NICHD，2005）。要确保婴幼儿的父母及照料者了解并掌握安全睡眠急救指南。

室外空间

作为婴幼儿照料者，一定要了解户外活动对 0—3 岁儿童的重要性。户外活动可以让幼儿身心放松，释放压力，让哭闹的幼儿安静下来，也能让两三岁儿童的旺盛精力得到尽情释放。幼儿可以在室外直接探索和了解大自然。室外活动可以让儿童操练解决问题的能力，学习与同伴合作。室外空间可以让儿童感受到自己与美丽世界密切相连，让儿童亲身体会和发现明媚的光线、清新的空气、拂面的微风、温暖的阳光。

如何使室外空间生机蓬勃、充满活力又确保安全呢？可以参考室内空间设计的适龄原则，让每个年龄段的儿童都有适龄的场地。低矮的长凳有助于爬来爬去的 0—3 岁儿童爬上照料者的膝头，听照料者给他们唱歌、讲故事。还不能自行移动的婴幼儿可以躺在树荫下的毯子上观察树木，或者在垫子上练习爬行。秋千可以让你坐在上面摇晃，安抚婴儿，就像户外的滑翔机。

两三岁的幼儿与婴儿不同，对他们来讲，

室外意味着四处走动。所以，要确保他们可以在室外自由行动，推拉带轮子的玩具，骑三轮车，或者在沙子里打滚。可以在室外放置图书，供幼儿随时阅读；还可以提供粉笔，方便幼儿在水泥地上自由作画。感官游戏和戏水活动不仅可以给幼儿带来极大的乐趣，还可以让儿童认识各种物体的肌理及因果关系。幼儿在户外画画比在室内更放得开，无拘无束；画架也特别适合户外使用。在室外空间放置球类、汽车、泡泡水和水性涂料等器材。如果幼儿喜欢积木游戏，在室外空间里摆放一些小桌椅，幼儿可以在那里用积木做搭建游戏。

有些保育中心的室外空间非常大。要确保照料者在任何时候都能看到所有的幼儿。户外自由活动并不意味着无须成年人看护；幼儿在室外必须和在室内一样受到严密的监护。根据保育中心所在地区的气候和纬度，照料者还需要仔细监测幼儿暴露在风和阳光下的情况。

健康与安全

高品质的幼儿照料项目非常看重照料者与儿童的比例，重视幼儿的健康与安全保障；儿童的身体健康和安全与心理健康同等重要。所以美

国每个州都有关于健康和安全的规定，儿童照料项目必须遵守相关指导方针。高品质的项目要达到，甚至超过这些标准。在这一章里，我将介绍有关卫生条件、洗手、清洁和消毒、营养和进餐方面的恰当做法。（健康与安全方面的其他内容，我已经在本书的另外一些章节提到了——例如，第一章中提到了照料者与幼儿人数比例的问题。）

保持卫生和洗手

预防病原体传播的第一道防线是确保清洁卫生，有效洗手。幼儿照料项目一定要重视并监督成年人和儿童洗手——在预防疾病传播方面，洗手是最行之有效的。婴儿特别容易感染传染病，因此防止病原体传播非常重要。照料者必须在给幼儿喂食和更换尿布前后清洗双手。幼儿洗脸和洗手的时候，可以给他们提供适当的帮助，教他们正确的洗手步骤。

可以在洗手池边张贴关于洗手步骤的照片或插图，让幼儿看到图画提示。许多幼儿保育中心在幼儿洗手的时候教他们唱洗手歌，使整个洗手过程更加愉快，同时确保了必要的洗手时间：20秒或更长。要确保每一个幼儿都学会如何正确洗手。

洗手的日常规则，可以参照以下步骤：

1. 用温水，不要用特别烫的水。

2. 把幼儿的手用水打湿，在一只手掌上滴上洗手液（不是灭菌香皂）。

3. 双手离开水流，相互揉搓产生泡沫，揉搓包括指甲、手指间隙和手背。

4. 持续洗手至少 20 秒钟。

5. 用流动的温水彻底冲洗双手，并用干净毛巾将手擦干。

确保儿童经常洗手，可以最大限度地减少儿童之间病原体的传播。确保他们在以下时间洗手：

- 到达保育中心之后。

- 帮助布置饭桌之前。

- 用餐前后。

- 玩水前后。

- 如厕后。

- 接触体液后：鼻涕、口水等。

- 户外玩耍后。

- 玩沙子后。

- 触摸动物后。

照料者在以下时间彻底洗手，可以最大限度地减少自己和同事接触或传播儿童疾病的机会：

- 为儿童备餐前后。
- 喂幼儿吃东西前后。
- 为儿童更换尿布前后。
- 为皮肤有损伤的儿童喂药或涂药膏前后。
- 与幼儿一起玩水前后。
- 使用厕所或帮助儿童使用厕所前后。
- 触摸自己或幼儿的体液后。
- 外出归来后。
- 玩沙子后。
- 触摸垃圾后。

清洁和消毒

清洁和消毒照料空间与游戏设备是在回应式学习环境下的日常工作中不可或缺的部分，要列入管理条例和日常程序之中——这也是它们应有的核心地位。尽可能使用无毒、无香味的清洁产品给玩具、地板以及幼儿吃饭、睡觉、玩耍和休息时接触到的所有物体的表面做清洁和消毒。备餐和用餐的台面必须经过清洁和消毒。用来更换尿布的台面以及卫生间应按相关规定和要求进行消毒。照料空间的空气应自由流通；房间应通风良好。要像监督洗手一样，监督和加强清洁与消毒工作。

防患未然

确保环境的安全性应该是保育中心责任的重中之重。安全始于预防。保育中心的管理条例和日常规定中一定要有如何预防和应对紧急情况的内容，且要确保每个工作人员都牢记在心。保育中心要有安全防护的书面指导方针，用于指导事故和疾病预防措施、拟定事故报告、制订应急预案，并针对火灾、地震、龙卷风等自然灾害进行应急演习。这些书面的危险和灾难应急文件应该摆放在易于看见和拿到的地方，告诉父母，在紧急情况下，他们的幼儿会得到很好的照顾。将程序写成书面文字，用清晰易懂的文字列明在紧急情况下如何通知幼儿的父母，以及幼儿父母如何联系照料者。确保所有幼儿和工作人员都参加紧急演习。定期检查急救器具、灭火器等设备，确认有效期，确保应急物资便于拿取。

定期检查室内外的游戏设备和玩具，确保它们的安全性。游戏设施和设备修复要快速。玩具破损或出现危害幼儿安全的风险时就该迅速修理好或者更换。定期查看照料空间，预测可能会发生危害安全活动的地方——移除任何可能导致危险的物体。换句话说，照料者要竭尽所能防止伤害的发生。

我们无法预测所有的伤害和危险。幼儿注定会跌倒、撞到头或扎破手指。肿块和瘀伤是成长的自然现象。照料者所能做的，或者被期望做的，就是珍爱和保护这些爱冒险的小家伙们。

合适的营养及用餐时间

健康、均衡的饮食对儿童的成长至关重要。幼儿不断消耗热量，好的食物是他们身体健康成长必不可少的条件。为了给幼儿提供优质食物，首先应该向幼儿的家人了解幼儿摄入的食物和饮品的品种和数量、食物

过敏信息和特殊饮食需求等。如果幼儿近期曾经生病或开始出现生病迹象，这些信息会格外重要。同时，照料者应该跟踪记录幼儿的饮食情况和饮食规律，当父母需要联系医疗专业人员时就可以参考这些宝贵的信息。照料者和幼儿父母之间定期沟通有利于双方共同关注幼儿的幸福安康。

婴儿需要母乳喂养或配方奶喂养。如果照料者用奶瓶喂奶，要确保妥善储存和使用母乳及配方奶。用奶瓶喂养婴儿时，将婴儿抱在怀中，一边喂奶，一边仔细观察，这有利于照料者读懂婴儿发出的信号。确保婴儿进食时能感受到照料者身体的温暖：这会帮助照料者与婴儿建立安全依恋关系，也有助于照料者在婴儿咳嗽、打嗝或吐奶时立即做出反应。在喂养过程中婴儿感受到的温暖和亲密，会让婴儿感到被爱和安全；渐渐地，他们会将进食内化为一种愉快的体验，当他们开始吃辅食时，这

种爱的连接也不会减弱。

两三岁的儿童吃饭非常热闹。他们的进食也应该轻松愉快——永远不要强迫幼儿尝试新食物或强迫他们吃饭。他们知道什么时候饿了或饱了。自发愉快地尝试新食物，有助于塑造健康、良好的饮食习惯。和他们吃同样的食物，不要在他们面前吃与他们不同的食物。

与幼儿家庭沟通

创建回应式学习环境的另一个重要部分是与幼儿家庭建立伙伴关系。可以先从与幼儿家庭建立有效的沟通开始。如果你和幼儿的父母谈话、互发电子邮件、短信以及打电话时感觉良好，你就已经在创建**回应式保育项目**（responsive program）的道路上了。因为家庭和保育中心的稳定沟通可以促进照料的连续性，是相互尊重的表现，能够促进父母和照料者之间的互信。

互信和坦诚的沟通非常重要，婴幼儿尚不能有效表达自己的需要，照料者和家长相互信任和坦诚沟通更加重要。照料者需要知道幼儿在家里的生活情况，父母需要知道他们在保育中心的点点滴滴。照料者很有可能发现父母的健康安全观点与自己不同。要全面了解父母的想法，尊重他们的观点。如果保育中心的相关原则和做法与父母不同，不要一味遵从父母的观点，要确保对幼儿的家庭进行清晰全面的解释。

因为小婴儿的需求变化很快，要经常和父母谈论他们在饮食、睡眠和其他作息习惯中观察到的任何变化——这些都会影响照料者对幼儿的照料。即使是短期的变化——例如，幼儿前一天晚上睡眠不好——对照料者来说也很重要，在这种情况下，照料者要确保幼儿有额外的午睡时间或其他休息时间。让父母知道照料者想知道幼儿的一切情况，这些情况可能会影响照料者对幼儿的照料。

儿童日常生活报告

除了与父母进行日常交流，还要在全园范围内推行记录**儿童日常生活报告**（child's daily report）的做法，把被照料儿童的日常生活情况报告给他们的父母。这些报告应该包括幼儿进食、午睡、更换尿布的次数，以及健康或饮食方面的特殊需求处理情况。这些记录对跟踪儿童的成长发育、使家庭确信他们的子女得到了持续照料方面极其有用。（本书最后的结语部分有更多关于与家庭密切合作的信息。）

照料者可以将记录填写在带有复写纸的表格上，在每天结束的时候把每个幼儿的日常记录交给他们的家长，另一份复件放在文件夹中留存。

（也可以将复写纸表格用于事故和伤害报告。）

　　家人当天把幼儿送到保育中心时，填写表格最上面的部分，照料者在接下来一整天的过程中填写剩余的数据。表格内容可根据新生儿、两三岁幼儿的不同情况进行调整。

儿童日常生活报告

以下内容，由签到父母 / 家人填写：

儿童姓名：_____ 到达时间：_____ 日期：_____

送幼儿入园的成年人姓名：_____

当天的特别要求：_____

上次喂奶或进食的时间：_____

以下由照料者填写：

婴儿奶瓶 / 杯喂养

数量（克数）　　　　　以及　　　　　当天喂奶时间

_____　　　　　　　　_____

_____　　　　　　　　_____

_____　　　　　　　　_____

_____　　　　　　　　_____

食物

※ **早餐**

进食的食品名称：_____

进食情况（良好，还行，不太好）：_____

备注（第一次进食的新食品等）：＿＿＿＿＿＿＿＿＿＿＿＿＿＿＿＿＿＿＿

※ **午餐**

进食的食品名称：＿＿＿＿＿＿＿＿＿＿＿＿＿＿＿＿＿＿＿＿＿＿＿＿＿

进食情况（良好，还行，不太好）：＿＿＿＿＿＿＿＿＿＿＿＿＿＿＿＿＿

备注（第一次进食的新食品等）：＿＿＿＿＿＿＿＿＿＿＿＿＿＿＿＿＿＿＿

※ **加餐**

进食的食品名称：＿＿＿＿＿＿＿＿＿＿＿＿＿＿＿＿＿＿＿＿＿＿＿＿＿

进食情况（良好，还行，不太好）：＿＿＿＿＿＿＿＿＿＿＿＿＿＿＿＿＿

备注（第一次进食的新食品等）：＿＿＿＿＿＿＿＿＿＿＿＿＿＿＿＿＿＿＿

更换尿布 / 如厕（勾画相关项目）

时间	浸湿	大便	稀溏	固态	使用坐便器（便壶）
＿＿＿＿＿	☐	☐	☐	☐	☐
＿＿＿＿＿	☐	☐	☐	☐	☐
＿＿＿＿＿	☐	☐	☐	☐	☐
＿＿＿＿＿	☐	☐	☐	☐	☐
＿＿＿＿＿	☐	☐	☐	☐	☐

午睡

入睡时间 | 醒来时间

＿＿＿＿＿上午 / 下午　　　　＿＿＿＿＿上午 / 下午

＿＿＿＿＿上午 / 下午　　　　＿＿＿＿＿上午 / 下午

＿＿＿＿＿上午 / 下午　　　　＿＿＿＿＿上午 / 下午

照料者评语

游戏活动＿＿＿＿＿＿＿＿＿＿＿＿＿＿＿＿＿＿＿＿＿＿＿＿＿＿＿＿＿

＿＿＿＿＿＿＿＿＿＿＿＿＿＿＿＿＿＿＿＿＿＿＿＿＿＿＿＿＿＿＿＿＿

行为和情绪_____

_____

问题和担忧_____

_____

材料需求

尿布_____

湿纸巾_____

清洁布_____

其他_____

课程与整合学习

　　在回应式学习环境中，课程设置随着儿童的兴趣变化而变化，将儿童最新兴趣发展需求纳入课程，这通常被称为**生成课程**（**Emerging/Emergent Curriculum**），不管是否用这个名字称呼它，照料者可能已经在这么做了。例如，如果发现幼儿迷上了蝴蝶，照料者就和他们谈一谈蝴蝶的生命周期，给他们读关于蝴蝶的书，教他们唱关于蝴蝶的歌，带他们去捉蝴蝶，帮助他们剪下蝴蝶图片并张贴在教室里。只要这些活动适合年龄发展阶段和实际操作条件（见第四章），年幼的儿童在追求自己的兴趣中学到的知识比满足照料者的兴致所在要多得多。生成课程便于激发幼儿的兴趣，促进幼儿成长，整合四大领域的学习。

观察和评价

　　对幼儿及照料活动进行观察和评价，可以增强照料者实施课程的能力。如果照料者不记下已经做了什么，就无法改善正在做的事情，也很难复制成功的做法。美国幼儿教育协会（NAEYC & NAECS/SDE，2003）认为评价是幼儿教育质量控制的核心。评价的好处如下：

- 有助于做出合理的教学和学习决定。
- 有助于判断何时需要对幼儿进行干预和帮助。
- 有助于了解需要改进的地方，促进儿童的学习和成长。

评价既可以用正式的书面评价表，也可使用非正式的评价表。我和美国幼儿教育协会主张的一样，建议照料者使用信息全面的可供存档的评价表，这些信息有助于更清晰地追踪幼儿的成长发育情况，以及他们的兴趣和需求所在；也方便幼儿的家人了解信息；同时，照料者可以依据这些信息，与幼儿家长交流幼儿在保育中心的点滴进步，如前所述，这将是保育中心获得成功的关键因素之一。

使用正式评价和观察的好处还有很多。全日托的幼儿在早上和中午经常被不同的主要照料者照顾，幼儿的基础保育员需要了解幼儿全天的生活状况。可以用便笺或电话给幼儿的不同照料者留言，有些照料者甚至用录像机记录幼儿的日常生活，并进行评价和观察。采用哪种记录方式不重要，重要的是要做记录和评价，以便提供给幼儿家人，并在保育中心留存。

对自己照料的幼儿进行仔细观察，有助于照料者为幼儿提供适当的帮助，让他们有机会操练并获得新技能。（我在第二章中详细地讨论了"脚手架式帮助"的问题。）观察很重要，观察是做书面记录的基础和依据，也是照料者每天与父母交流幼儿情况的依据。如果照料者发现幼儿的某些行为有可能表明他们没有达到相应的发展里程碑，记录就变得更加重要。把这些情况告诉幼儿的父母，与他们讨论，如果他们要对幼儿进行专业评估，平日的书面观察记录将非常有帮助。

早期干预

· ·

有些父母很早就知道自己的孩子需要特殊照顾，初到保育中心时就向照料者说明情况并寻求照料者的帮助。但是，有些发育迟缓不是很明显，直到幼儿长大，进入保育中心，被照料者照料一段时间以后才会被发现。3 岁之前是儿童身体和大脑发育的关键期，照料者必须好好观察，以便尽早协助进行干预。

保育中心提供的多样化照料活动和学习方式，以及回应式学习环境更容易让幼儿的发育迟缓显露出来。照料者持续观察、评估和记录幼儿的成长和发育情况，有助于发现发育迟缓现象，并使之得到解决。照料者担负着不能推卸的责任，因为照料者比大多数幼儿的父母更了解幼儿的成长情况。照料者每周都在照料众多年龄不一的幼儿，拥有评价儿童发展进展的依据。换句话说，照料者的观察具有无法估量的价值，要确保全面而准确。

如果照料者发现幼儿的某些行为有发育迟缓的嫌疑，要认真记录观察结果，并尽快传达给项目主管或相关的同事。如果幼儿的发育迟缓现象一直没有改善，要约见幼儿的父母，把担忧告诉他们，听听他们对幼儿的看法。借助日常记录下来的照料评价和观察结果，以及幼儿的每日生活报告，向父母说明你的担心。鼓励父母带幼儿进行儿科健康护理方面的全面检查。如果幼儿确实需要早期干预，为这些家庭提供专业机构信息，帮助他们找到当地的干预机构，如果专家建议对幼儿进行专业评估，要尽力帮助他们找到相应的服务机构和支持。

多元环境

回应式学习环境采用**通用学习设计**（universal design for learning，UDL）原则设计课程。通用学习设计原则是特殊技术应用中心（Center for Applied Special Technology，CAST, 2012）制订的，原则规定教育项目应提供以下内容：

- 多元表现方式。
- 多元行动与表达方式。
- 多元参与方式。

这里的**多元**意味着学习方法的多元化，以及教学和演示材料的多样性，目的是为所有儿童提供无障碍学习，满足幼儿不同的学习风格。例如，关于泡泡，幼儿既可以吹泡泡，也可以观看泡泡在空中飘浮，或者和照料者一起制作泡泡溶液。关于风铃，幼儿可以听风铃的声音，也可以感受风铃的手感，或者观看它们在风中摇摆的情形。另外，向幼儿描述风铃的手感或与泡泡相关的信息，可以帮助幼儿构建他们的词汇，锻炼他们的语言技能。

那么，通用学习设计原则的优势是什么呢？通用学习设计原则为照料者提供了更广泛的学习方法和材料选择建议。这些原则是基于神经学研究结果而制订的，借助这些原则，照料者可以更全面地满足幼儿的成长需求。通用学习设计原则不是一种一成不变的方法。应用通用学习设计原则，为幼儿提供机会，使他们既可以单独探索和研究环境，也可以参加小组活动。幼儿的需求不断变化，要求不断修正和调整学习环境和学习条件，而这些调整和修改并不像想象的那样困难，比如，为了帮助幼儿的小手更好地握住蜡笔，可以在蜡笔上缠上橡皮筋。如果照料者注意到一些幼儿对噪音非常敏感，可以为他们提供私人区域以便他们安静玩耍。通用学习设计原则有助于照料者创造回应更加敏捷的学习环境，让幼儿的各种能力得到发展。

常规与变化

幼儿喜欢生活有规律：生活规律化会带给幼儿安全感，使他们做事有规可循，可以缓解他们由家庭转换到集体照料带来的不安。生活常规可以减轻幼儿的焦虑，比如，随身携带幼儿熟悉的小毯子，可以帮助幼儿获得安全感。当幼儿放松下来进入全天的活动环节，等待他们的将是早已熟悉的事情。生活常规使幼儿平静放松，让他们更乐于学习，更愿意接受新信息、认识同伴和环境、吸收新知识。

你有没有想过 0—3 岁儿童的每日常规有多少？下面是一个活动常规列表，不一定全面，仅供参考：

每日常规参考

年龄	重要事件		
新生儿	• 抵达 • 用餐 • 换尿布	• 午睡 • 洗手 • 刷牙	• 户外活动 • 离园
两三岁幼儿	• 抵达 • 围坐活动 / 讲故事 • 自由活动 • 换尿布或如厕	• 清洁 • 加餐 • 户外活动 • 离园	• 午睡 • 洗手 • 刷牙

为幼儿设定生活常规，不仅能满足他们的基本需求，也为他们提供了最基本的安全感，使他们的生活具有可预见性。

幼儿掌握日常生活规律的过程，也是学习排序的过程，这会刺激他们记忆力的发展。他们迅速掌握课堂常规，急切地期待着将要发生的事情。

在回应式学习环境中很注重建立生活常规，将正在进行和将要进行的事情告诉幼儿；并且把现在与将要发生的事件联系起来——例如，照料者对幼儿说："你看起来有些不舒服——是需要换尿布了吗？来，我们换块干爽的尿布，换好尿布出去玩。"这样的对话把可以期待的事情和即将发生的事情都告诉给幼儿，强化了生活常规的安全性和可预测性。幼儿从家里来到保育中心后，照料者欢迎他们的到来，对他们进行问候，父母离开后，与他们聊一会儿，这样做会传递给他们一个熟悉的信息：秩序依旧，家园联结照常。

打乱生活常规，会让一些幼儿感到心烦意乱。在回应式学习环境中，照料者理解不同个性的幼儿对生活常规的依赖程度，也知道他们适应新环境、养成新常规的节奏，因此，照料者在支持幼儿个性需求方面承担着更重的责任。

小结

回应式学习环境以优质护理为核心。最好的保育中心可以促进所有幼儿的成长和发展，有专门的空间迎接幼儿和家人，优化幼儿的学习和探索活动，确保幼儿的健康和安全，并提供记录幼儿成长和活动的每日报告以及书面的观察评价表，如果发现幼儿没有达到发展里程碑，应及时进行早期筛查和干预。回应式学习环境采用通用学习设计原则，支持每个幼儿的学习风格和能力特点，重视课堂常规和过渡的必要性，为幼儿提供安全感和生活预测性，帮助幼儿做好进一步学习的准备。

照料者的工作

- 提供欢迎父母和幼儿的空间。
- 在幼儿的个人活动区域贴上他们的名字。
- 按照适龄原则，为新生儿、两三岁幼儿的活动区提供适当的活动装备及家具。
- 适当安排照料空间，满足活动多样化的需求。
- 动、静区域要相对分开，安静舒适区不要和喧闹的活动区安排在一起。
- 确保婴儿仰躺着睡觉。
- 遵守政府关于健康与安全的政策要求。
- 把对幼儿的观察和评价记录下来。
- 把幼儿的日常活动报告提供给父母。
- 为幼儿提供多元化的学习机会。
- 建立和遵守照料常规。

关键养育理念

- 高品质学前教育和保育项目应该促进所有儿童的成长发育。
- 良好的健康和安全实践要列入保育项目的照料原则和程序中，贯穿在班级所有的日常活动中。
- 与家长进行每日交流，帮助幼儿茁壮成长。

思考与应用

1. 为 0—3 岁儿童设计适龄环境，促进他们的成长发育，列举照料者在这方面可以做的三件事情。说明不同的年龄对保育空间的不同要求。

2. 照料者如何使用观察和评价数据提高幼儿的学习？

3. 根据通用学习设计原则设计一个学习方案，说明这个方案如何使所有被照料的幼儿都受益。

4. 制订一个计划，帮助被照料的幼儿改善生活常规、适应变化和环境过渡。照料者如何将这个生活常规引入幼儿的生活中？

第六章

社会性 – 情绪发展：认识自己和他人

社会性 – 情绪发展（**social-emotional development**）非常重要，直接影响着幼儿的健康成长，幼儿与父母及照料者之间建立的第一段人际关系将影响他们对自己的身份和价值的认识。反应灵敏的回应式照料者可以帮助他们成长为具有丰富社会性 – 情绪能力的人，这些能力包括：

- 健康的自我意识。

- 对自己身份的认同。

- 与成年人及同龄人建立积极关系的能力。

- 自我管理能力。

- 移情能力。

- 关心他人的能力。

- 与人分享的能力。

幼儿要学的东西太多了！回应式照料者对幼儿的需求反应敏捷，值得依靠，富有爱心，热心养育。与回应式照料者建立稳定的爱的关系，有助于幼儿上述能力的培养和获得。在第三章，我讨论了安全依恋和早期关系的重要性，幼儿的健康情绪和强大适应力正是建立在它们之上的。

本章将探讨照料者在 0—3 岁儿童社会性和情绪成长方面的作用。

社会互动与情绪发展密切相关。通过社会互动，幼儿与他人建立起关系，自身需求得到满足，体验各种情感。学会识别、调节和表达自己的情绪的同时，他们的情绪得到发展——这便是**情绪发展**的意思。情绪发展也指儿童关心他人和共情的能力逐渐增强，鼓励他人获得幸福的意愿逐渐增强的过程。仔细观察就会发现，儿童的社会性和情绪能力密切相关。例如，如果幼儿的成长环境充满爱与关怀，幼儿会与照料者及同龄人形成密切的、相互鼓励的关系。在这样的照料中，幼儿学着认识自己的情绪和情感，学会关心他人。社会交往和情感能力共同发展的过程被称为**社会性 – 情绪发展**，始于婴儿降生的瞬间，并贯穿整个人生。

整合学习

在与成年人及同龄人交往的时候，幼儿的自我意识和自我同一性获得发展。他们在游戏中学会合作，学会控制自己的情绪及关心他人。他们获得体能、认知和语言技能的同时，也增强了社会性 – 情绪技能。幼儿逐渐长大，运动技能提高，获得在室内外自由活动的能力，并能主动寻找朋友一起玩耍。随着认知和语言技能的提高，他们识别和表达自己感受的方式更加主动友善；他们学着向成年人提出需求，并可以遵循简单的指令。他们与成年人和同龄人互动，开始尝试解决问题，使用语言。

回应式照料者要为幼儿树立正确的行为和情感表达榜样。回应式照料者会把易闹的婴儿抱在怀里轻轻摇动，耐心安抚他；或者把悲伤痛苦的幼儿揽在怀里，抱在膝头，看着他的脸，和他温柔地交流。照料者的一举一动都表现出对哭泣或难过的幼儿的关心和爱护。幼儿表现良好时，照料者应该表现出适当的快乐，要鼓励幼儿参加活动。幼儿开心的时候，要和他们一起愉快地笑。鼓励幼儿为朋友鼓掌，向朋友挥手，对朋友微笑，拥抱和安慰有需要的朋友。照料者的这些日常互动和同情举动会被0—3岁儿童观察到，他们在与同伴建立关系时会采取类似的做法。

初学走路的幼儿一旦获得足够的认知和语言技能，就会开始在游戏中与人合作。新的身体技能，如骑三轮车、扔球等，可以为他们提供与人分享和轮流游戏的机会。照料者可以策划一些有助于培养合作精神的游戏活动，促进他们的社会性－情绪发展。常和幼儿谈论他们以及其他幼儿的感受。照料者温柔地对待他们，会提高他们的社会性－情绪技能，帮助他们学会照顾他人。

对那些想念家人的幼儿表示理解和同情。有些幼儿从家到保育中心的过渡很困难。在他们进行过渡调整时，关心他们，爱护他们。第一次来保育中心的幼儿过渡调整的时间可能更长。照料者可以对幼儿说："桑德拉很伤心，她妈妈刚刚离开她去工作了，我们请她和我们一起坐在地毯上讲故事吧。"尽可能多地给幼儿提供机会，使他们的情感健康发展，学会良好的自我表达。给他们阅读社会性－情绪技能方面的书，或与他们一起唱关于社会性－情绪技能的歌曲，这些都是教导他们社会性－情绪技能很不错的方式。也可以张贴幼儿表达不同情绪／情感的海报，教导幼儿如何与成年人及同龄人积极互动，促进他们的社会性－情绪在被照料期间健康发展。

社会规则

0—3岁儿童通过与他人交流学习社会规则。列夫·维果茨基认为，成年人通过日常交流把他们的社会价值观和信仰分享给幼儿（Feldman，2007）。尤里·布朗芬布伦纳提出，幼儿对社会环境的整体认识受到与他们最亲密的人的强烈影响，这些人包括幼儿的父母、兄弟姐妹、教师及同伴（Patterson，2009）。这两位理论家都认为教导幼儿社会规则非常重要。

有些社会规则是大众普遍接受、约定俗成的礼节或礼貌。例如，说"请"和"谢谢"就是大家司空见惯的日常行为。"不打人，不咬人，不抓伤别人"这样的课堂规则在幼儿照料环境中也很常见，幼儿也常常被如此教导。与人分享，不破坏他人财产等社会规则也很普遍。对于年幼的孩子来说，这样的规则可以体现为，不要在另一个幼儿的作品上乱涂乱画，或者不要推倒别人刚刚搭建的积木高塔等。记住，幼儿并非生来就知道社会规则。教导儿童遵守社会普遍规则的时候，我们应该尽可能温柔。照料者扮演着重要的角色，既要将这些规则教给幼儿，又要尊重家庭自身的信仰和社会价值观。

社会规则是社会稳定的基础，要帮助幼儿学习社会规则。用简单的话语把规则表述出来，方便幼儿理解和遵循。我在第二章提到，照料者与幼儿交谈时，要使用积极的、鼓励性的语言，用正面形式陈述规则，尽量不要用负面语言。最初，婴幼儿虽然不理解规则的含义，但会认识到规则的存在，并且明白必须在课堂上遵守规则。幼儿到了两三岁，就会学会遵守三四个简单的课堂规则。下面是一些规则的范例：

- 对他人友好。
- 手和脚不要乱动。
- 将食物放在餐桌上。
- 请教师帮忙。

把这些规则写入课堂常规，贴上与每个行为规则对应的图片，便于幼儿看到图片提示，参照而行。给幼儿阅读与人分享、关心他人、说

"请"和"谢谢"的书。幼儿表现出相互关心的样子时，适时地用话语鼓励："看起来你和查理一起玩得很开心"或者"谢谢你和他分享玩具"。温柔地抚摸幼儿的后背或者用微笑强化这些话语传递的信息。在照料者的鼓励和强化下，幼儿很快就会学会规则。随着对规则理解的加深，他们变得更加自信，越发能与他人积极互动。逐渐建立起来的信心有助于培养他们的心理弹性。

心理弹性

心理弹性（resiliency，快速恢复能力）是一种适应困难、战胜困难的综合能力，其中融合着许多社会性－情绪能力，包括强烈的自我意识、个人认同感、与成年人及同龄人建立亲密关系的能力、共情、关怀他人

和与人分享的能力等。幼儿的整个童年都在应对生活变化和挑战，他们的心理弹性在这个过程中得到发展。在信任的土壤中，幼儿的心理弹性可以得到良好的发展：若幼儿与成年人关系密切，相互信任，得到关怀和爱护，建立良好的依恋关系，他们的心理弹性会增强。我一直很强调安全依恋和关系的重要性，它们是儿童身心健康的基础。幼儿拥有安全依恋和关系的时候，他们就拥有了提高社交能力和情绪能力的必要工具。

缺乏可信赖的人际关系，幼儿的心理弹性差，更容易受伤。环境变化会加深他们的焦虑和不安，难以平静，很难安抚。相反，心理弹性强的幼儿感受到被爱和重视。新事物会让他们很激动，他们也渴望参与新活动。他们灵活多变，主意多，对多变的环境适应力强，渴望尝试新活动。照料者应该为幼儿提供大量机会，帮助他们学会适应。幼儿接近 3 岁生日时，通常会表现出下面这些心理弹性的迹象：

- 有自主性。
- 有自尊感。
- 有灵活性。
- 沟通能力增强。
- 主意很多。
- 想象力丰富。
- 有关怀他人的能力。
- 有共情能力。

以下方式可以促进幼儿的心理弹性发展：

- 以爱的方式回应幼儿的需求。幼儿上楼梯遇到困难时，拉住幼儿的手。
- 鼓励儿童的自我意识和自我同一性。幼儿认出墙上照片中的自己时，对他的这种自我识别能力进行鼓励和认可，说："没错，乔斯，照片中的小朋友就是你！"

- 为幼儿做出关心和共情的榜样。看到幼儿跌倒，磕到膝盖时，说："噢，她的膝盖一定很疼，谁能帮我为她的膝盖拿个冰块呢？"

- 提供可预测的、安全的学习环境。把课堂规则教给幼儿，如"对他人友善"。

- 为幼儿做出积极沟通的榜样。看到幼儿与他人分享玩具，说："谢谢你与其他小朋友分享玩具。"

- 促进幼儿社会性－情绪词汇的积累。给幼儿读情绪类的故事书，或者将书中的情绪图片展示给幼儿。例如，谢丽尔·卡钦迈斯特（Cheryl Kachenmeister）的绘本《周一，下雨了》（*On Monday When it Rained*），或理查德·斯卡瑞（Richard Scarry）的绘本《拜托与感谢书》（*Please and Thank-You Book*）。

- 向幼儿展示你对他人幽默和乐观的态度。和幼儿一起玩耍时，或者给他们读书时，做一些有趣的鬼脸、发出有趣的声音。

自我意识

温馨安全的环境可以帮助幼儿形成健康的自我意识。人类的自我意识自出生就开始发展了，并且会受到早期关系的巨大影响。人们彼此关联，相互同情和关心，有助于人认识自我。自我意识差的人有可能具有惊人的认知能力或身体技能，但如果没有共情能力，缺乏建立与维持健康关系的必要技能，与人建立亲密关系就很困难。

可预测的、反应灵敏的环境有助于幼儿建立信任和安全感。幼儿在这样的环境中，会建立对世界的信任，并在此基础上，建立起健康的自

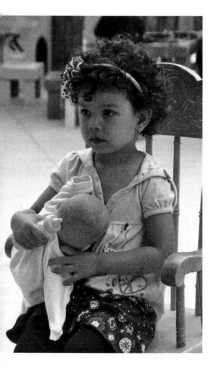

我意识。

　　社会交流对 0—3 岁儿童具有重要意义。可以用对他们微笑、出声地笑等方式，以及用目光接触或面部表情等身体语言与他们交流并吸引他们的关注。婴儿出生 3 个月左右，开始出现社交性微笑，这是他们自我意识的第一个表征。通过社会交流，他们意识到自己与他人是分开的。他们扭动身子或晃动头部，吸引照料者的注意，并且不断重复这些动作，以保持照料者对他们的关注。照料者微笑着回应他们，会让他们感到很快乐。这些互动会增强他们积极的自我意识。

　　幼儿快乐地参加小组活动时，照料者可以观察到他们健康的自我意识。情绪健康的幼儿具有好奇心，热衷于探索他们的周边环境；他们很容易从一项活动转移到另一项活动，并对自己的行为和成就感到自豪。对他们的社交行为做出积极回应，会加强他们大脑的神经联系，让他们产生安全感。

　　鼓励是帮助幼儿建立健康的自我意识的有效工具，可以激发他们努力尝试的愿望，并会向他们传达这样的信息：无论他们做什么，他们都被爱着。简单的鼓励可以是一次温柔的抚摩或拥抱，复杂的鼓励可以是口头安慰，比如"我相信你能做到"或"很高兴看到你今天和朋友玩得这么好"。两三岁的幼儿对自己所能做的任何事情都感到兴奋不已。要认可他们的成就，强化他们的自豪感。鼓励他们尝试新事物，激起并支持他们完成任务的兴趣和愿望，这样做有助于增强他们的自我意识和自信。认可他们刚刚兴起的自我意识和在形成自我同一性方面付出的努力。

自我同一性

0—3 岁儿童一边发展自我意识，一边努力建立自我同一性，这个过程贯穿整个童年，甚至人的一生。幼儿很想知道"我是谁""我在世界的角色是什么"。如果他们有幸生活在发展适宜的环境中，他们所经历的各种形式的学习都包含对新兴的自我同一性的探索。幼儿辨认和研究镜子中自己的脸，学会将自己和他人区分开，认识自己的鼻子、嘴巴和耳朵。照料者可以指着幼儿脸部的不同部位，帮助他们培养个人意识。一些歌曲，比如"头、肩膀、膝盖和脚趾（Head, Shoulders, Knees and Toes）"等，可以帮助他们认识自己的身体，培养自我同一性。

发展适宜性活动可以帮助幼儿发现自己的喜好。在活动过程中，有些幼儿可能会发现自己喜欢玩积木或绘画。掌握拼图技巧以后，他们对自己能力的信心就会增强。在假装游戏中，他们学习扮演各种角色并与同伴建立关系。幼儿发现自己与众不同时，要给予他们鼓励，让他们感受到被重视、被尊重。

儿童的家庭文化深刻地影响着幼儿的自我同一性。了解幼儿的家庭文化有助于知道如何支持他们刚刚兴起的自我同一性。应该对儿童的家庭愿景和文化习俗保持敏感，并将其纳入保育活动中。

社会规范和价值观，是由家庭传递的，饮食、音乐、服装、节日和宗教活动等都体现着一个家庭所沿袭的社会规范和价值观。高品质的幼儿保育尊重幼儿的文化背景，并在课程中融入他们的家庭传统习俗。例如，邀请某个幼儿的家人与孩子们分享他们的民族传统饮食；策划一个特别的日子，让幼儿穿上代表他们文化传统的服装。（本书的结语部分会讨论与家庭合作的其他策略。）创造机会，让幼儿的家庭与其他幼儿及家庭分享他们的信仰和文化传统，帮助幼儿建立起与家庭价值观一致的自我同一性。音乐、舞蹈、烹饪和阅读等日常活动中也可以融入家庭文化传统的成分。还可以借助童书向幼儿介绍各种不同的文化，像切尔滕纳姆小学（Cheltenham Elementary School）创作的童书《我们都是一样的，我们都是不同的》（*We Are All Alike... We Are All Different*），琳达·克兰兹（Linda Kranz）的《只有一个你》（*Only One You*），还有芭芭拉·克利（Barbara Kerley）的《我和你，在一起：世界各地的爸爸、妈妈和孩子们》（*You and Me Together: Moms, Dads, and Kids around the World*）。

性别认同是自我同一性的一部分。大多数儿童在社会交往中已经意识到自己的性别角色，从而形成了性别认同，比如，有人说"你是男孩"或"你是女孩"。幼儿的早期关系也极大地影响着他们对自己性别的判断。为幼儿提供不分性别的中性玩具和游戏，给他们看具有传统和非传统角色的书。高品质的学习环境具有包容性，接受所有的幼儿及其家庭。

人际关系

成年人对幼儿的爱与关怀是儿童形成社会性－情绪技能的基础。婴儿通过面部表情、微笑与目光交流等和成年人进行早期互动，用哭泣、咕咕声和咿呀学语等表达性语言与成年人交流，传递需求并获得满足。儿童的情感得以健康发展，与成年人形成安全的依恋关系，从而体验到信任感和自主性。成年人的爱与关怀有助于幼儿获得自信与安全感，也有助于他们适应力的提升。

同伴关系

0—3 岁儿童在观察和参与活动的过程中学习与同伴互动。起初，婴儿只是对其他婴儿进行观察，看到其他婴儿哭，他很有可能也会哭。照料者给其他婴儿喂饭或者换尿布的时候，他们一边盯着照料者看，一边开始微笑，并和同伴咕咕说话。这是他们早期同伴关系的起点。月龄稍大一些的婴儿，趴在地上，面对同伴，会向对方微笑，当他们互相靠近时，会兴奋地扭动身体。一旦开始爬行，他们就会爬向其他幼儿，伸出手去够对方或触摸他们。要创造机会，让他们与同伴积极地互动。

让年龄较大的幼儿坐在照料者的膝头听故事，鼓励他们参加小组活动，和大家一起唱歌、做游戏。帮助他们学习一起玩耍，通过交谈和分享建立关系。对他们说"和朋友们一起唱歌吧"或者"看到玛丽亚和安东尼在游戏房里一起愉快地玩耍，真让人开心"。两三岁的幼儿起初只与身边的同伴一起玩，大多数时间他们只是倾听和观察。一旦他们的语言和认知技能强大起来，他们就能与同伴进行合作游戏了。

用餐时间是特别好的成长机会，用餐的时候幼儿相互交流，建立起早期友谊。他们通常很期待一起用餐，吃饭的时候，他们学着与人分享，尝试遵循简单的指令，互相观察，并且学着自己吃饭。用餐也给他们提供了嗅闻和品尝新食物的机会。开始吃手指食物的婴儿喜欢坐着吃饭。多名幼儿可以在用餐时间坐在一起，一边吃饭一边交流。一起进餐使幼儿可以互相观察，学习分享并与他人建立关系。为幼儿做出行为示范，并在用餐时帮助他们学习和使用接受性和表达性语言。幼儿喜欢帮助别人，用餐时间给他们提供了服务他人、传递食物、收拾打扫的机会。

幼儿在轮流游戏、分享玩具的过程中建立友谊，练习合作。其他社会性－情绪能力（如共情、关心他人等）会在幼儿对同龄人更加敞开心胸时展现出来。两三岁的幼儿可能会对某些幼儿表现出偏爱。他们看到朋友时会微笑，表现出非常兴奋的样子。他们的思考能力和语言能力不断增长，在他们和朋友们交谈和玩耍时，给他们提供适当的帮助。两三岁的幼儿会相互模仿，和同伴一起做游戏时会运用想象力，互动程度加深。他们的自我控制和情绪管理能力不断改善，帮助他们与他人建立积极的同伴关系。

自我管理

自我管理（self-regulation）是儿童在生命头三年掌握的最重要的社会性–情绪技能之一。每个幼儿获得自我管理能力的时间不相同。幼儿的气质不一样——容易型、困难型、迟缓型，不同的气质强烈地影响着他们的自我管理能力的发展。在适应新环境时，幼儿需要温和的引导，也需要时间缓慢过渡。应该逐步引入新活动，让幼儿有足够的时间接纳和融入。2岁的幼儿刚刚获得一些认知技能和身体灵活性，自主性依然很有限。他们喜怒无常，时而活蹦乱跳，开心快乐，时而躺倒在地，眼泪汪汪，万分沮丧。他们可能会毫无预测地突然攻击照料者或同伴。他们正在学习与合作相关的规则，照料者给他们设定限制和规则，很容易让他们感觉受挫和沮丧。试着限制说"不"和"不要"的频率，不要让他们经常听到这些否定的话语。

给儿童设立的界限和规则要简单明确，对他们的行为进行提醒和引导。和他们一起趴在地板上玩耍，

有助于照料者温和地指导那些具有攻击性行为的幼儿。最重要的是保护幼儿的安全。如果幼儿突然情绪崩溃，要及时把他带到安静的地方，直到他恢复平静。如果他允许，照料者可以抚摩他的背部或轻轻抚摩他的头。用平静的声音向他保证一切都会好起来。

不要羞辱幼儿，也不要说他们表现不好。羞辱性语言会深深地伤害幼儿正在发展的自我意识和自我同一性。我在第二章提到了埃里克森的各个发展阶段的特征，这个年龄的幼儿正面临信任与不信任的挑战，处在自主与羞愧和怀疑的冲突中。鼓励幼儿的自主意识，尽量避免使用羞辱性的语言，比如，不要说"你打小朋友，是个坏孩子"或者"你那么做真让人讨厌"。

除了为幼儿设定界限，照料者还应该对幼儿表现出共情，平易近人。在爱心指导下，幼儿的心理弹性会得到增强。照料者可以说，"你把塔米卡的小熊拿走了，她多伤心啊。我们另外找一个玩具给你玩，你把小熊还给塔米卡吧。你把小熊还给她了，真是太棒了。你看，她看起来多开心啊。你想和小兔子或者小狗一起玩吗？"照料者积极温柔的指导让幼儿感到安全和被爱，不会伤害他们的自我意识。

幼儿一边学习自我管理，一边学习识别情绪及情绪的积极表达方式。他们需要感知自己情绪波动的机会。在他们平静放松的时候教给他们表达不同情绪的词语；他们情绪崩溃或哭闹时不要尝试教导他们，这种时候，他们无法敞开心扉学习。

那些在身体和情感上具有安全感的幼儿乐意了解关于情感的事情，也能积极表达自己的感受。在开始讨论情绪之前，尽量让所有的幼儿处在安全、平静和放松的状态中。照料者可以在日常对话中融入这个话题——例如，一个幼儿将沙桶递给了另一个幼儿，照料者可以趁机说："杰米，你和肖恩分享沙桶真是太好了。""肖恩，杰米和你分享，你感到很开心吧？"分享是一种良好的表达彼此相爱的方法。也可以借助书籍和照片帮助幼儿了解情绪，学习积极地表达情感。幼儿能够识别和表达自己的感受时，就能开始识别他人的情感。幼儿的自我意识、识别和情感表达能力不断增强，共情能力也会随之增强。

共情

能共情的人会理解别人的感受，并善待他人。共情是一种复杂的社交情感技能。它不同于同情，同情承认但不体会他人的痛苦或感受。共情更宽广、更深刻，能共情的人认同他人的痛苦，对痛苦的人深表关心和怜悯。

幼儿要对他人共情，首先必须具有自我意识，还必须能够识别自己的情绪和感受。为了帮助幼儿发展这些复杂的技能，可以借助故事和歌曲向孩子展示对他人的共情和关心，帮助他们掌握情感词汇。

发现教育时机，做出榜样，鼓励共情行为。例如，可以说"哦，你摔倒了，撞到了膝盖，受了伤，我为你感到难过"或者"比利看起来很伤心，我们去拥抱他一下，让他高兴起来吧"。当其他幼儿心情沮丧时，0—3岁幼儿可能会和他们一样难过，表现出担心的样子，并向照料者示意想要帮助心情难过的幼儿，以表共情。2岁的幼儿可能会走到忧伤沮丧的幼儿面前，给他一个拥抱或用玩具安慰他。当幼儿的语言和社会性－情绪技能得到高度发展时，他们就会尝试解决问题，为了帮助不开心的幼儿而寻求帮助。

关心他人

幼儿在发展自我意识、自我同一性和共情能力的同时，也学着关心他人。一旦他们学会识别自己的情绪和感受，他们就可以识别他人的情绪和感受。起初，他们模仿别人的关爱行为，尝试关心他人。微笑、大笑、温柔地触摸、拥抱等表示关心的行为不仅可以让成长中的幼儿学会用行为互相关心，也会让幼儿感受到安全和关爱。人与人之间的体贴与关怀不断地改变幼儿对世界的看法。

分享

学习分享是幼儿的另一项重要任务。成年人通常幻想幼儿天生会分享，然而分享并非一项容易获得的技能。可能有些两三岁的幼儿无须别人提出要求，就能主动分享，而更多的幼儿则需要花费大量的时间学习分享。与人分享，需要不断地练习才能做到，两三岁的幼儿还处在努力满足自己需求的阶段，对别人的需求刚刚有一点儿意识。通常来说，幼儿要到 4 岁的时候才会学会分享和轮流做事。他们开始合作的时候，这些技能就会给他们带来很大的帮助。

幼儿学习分享的时候，不要惩罚他们，要避免使用羞辱性语言。向他们解释如何分享，告诉他们轮流做事和分享是非常好的行为。一边向他们演示如何与他人分享玩具，一边说："现在让托马斯玩这个玩具，托马斯之后轮到肖恩。"如果发现某些幼儿很难与别人分享，教导他们如何表达，鼓励他们向其他幼儿提出分享的请求："凯拉，你好像也想敲一下那个鼓。等米奇打完鼓，你去请他把鼓让给你敲一敲吧。"

幼儿需要大量机会练习社会性－情绪技能。告诉他们什么是分享以及分享的重要性，在日常生活中给他们提供尽可能多的机会练习分享和轮流做事。用餐的时候，请他们传递食物，轮流整理和清洁桌子。在小组活动时间，让他们轮流为大家读故事，或者在唱歌时把沙包或围巾传递给身边的人。户外活动时间，让他们分享三轮车和球，轮流滑滑梯。为了减少幼儿之间的冲突，给他们提供的玩具和物品要充足，对大多数幼儿都喜欢的物品要格外留意观察，确保每个想玩的幼儿都有机会玩。

按照时间发展，仔细观察和记录幼儿的社会性－情绪的发展状况。没有单一的发展迟缓指标。美国疾病控制与预防中心（Centers for Disease Control，CDC，2012）列出的幼儿 3 岁之前应该表现出来的社会性－情绪行为如下：

- 有适当的目光交流。

- 有温暖或快乐的表情。

- 能分享、会喜爱。

- 能识别自己的名字。

- 可以玩假装游戏。

- 可以和别人一起玩耍。

如果照料者注意到一些幼儿在 3 岁之前没有表现出这些行为，要把观察结果记录下来，并与幼儿的父母讨论观察结果。与幼儿的父母仔细而又清楚地讨论幼儿发育迟缓的问题，让父母了解照料者的担忧所在。如果婴幼儿表现出发育迟缓的迹象，要建议幼儿的家长寻找儿科医生或其他卫生保健专业人员对幼儿进行专业检查。

小结

··

　　社会性－情绪技能发展对幼儿的健康成长至关重要。人际关系是幼儿认识自我、关爱他人的基础。在玩耍中，与成年人和同龄人互动，会促进社会性－情绪技能的发展。鼓励和正面行为示范，会使他们遇事更加灵活、有弹性。信任和安全的成长环境可以促进社会性－情绪技能的健康发展。社会性－情绪能力包括积极的自我意识、自我同一性、与成年人和同龄人之间的健康关系、自我管理能力、共情、关心他人以及与他人分享的能力。照料者与幼儿的关系对幼儿这些能力的发展具有重要作用。一定程度上来说，幼儿是在游戏活动中发展这些技能的，照料者可以借助配套图书《婴幼儿回应式养育活动》来丰富练习这些技能的活动，这本书提供了很多支持幼儿社会性－情绪发展的游戏活动。

照料者的工作

- 回应幼儿时要充满爱心和关怀。
- 告诉幼儿他们是独一无二的，很可爱。
- 坐下和幼儿一起照镜子，帮助他们识别镜中自己的面部特征。
- 幼儿表现出对他人的共情和关心时，要给予认可。
- 张贴简单的课堂行为规范及相应的图片。
- 和幼儿一起谈论他们的感受。
- 为幼儿阅读描写情感和情绪的书。
- 使用富有表现力的语言和幼儿说话。
- 说鼓励的话语。
- 幼儿情绪崩溃时保持冷静。
- 避免说"不""不要"；用积极的语言重新描述消极行为。
- 对在活动中有困难的幼儿施予额外的照顾和关爱。
- 鼓励小组活动，幼儿在小组中可以构建和发展与同龄人的关系。

关键养育理念

- 信任、关爱和反应灵敏的保育关系可以促进幼儿社会性－情绪能力的发展。
- 适应力强的幼儿个性灵活，足智多谋，能够适应不断变化的环境。
- 回应式照料者全天都在创设机会让幼儿练习分享和轮流。

思考与应用

1. 照料幼儿的时候，照料者如何做出对他人表示关心的行为榜样？
2. 设计三种教学策略和三种培养 0—3 岁幼儿的社会性－情绪技能的活动。不同年龄的儿童的适龄策略有什么不同？

3. 为了满足每个幼儿的社会性－情绪发展需求，照料者如何调整保育活动？

4. 照料者如何增加自己对社会性－情绪发展的了解？

5. 如何应对自我管理和共情发展迟缓的幼儿？

第七章

生理发展：感觉与运动

　　儿童的身体在头三年的发育速度快得惊人。最初，他们只是一个还不能自主抬起头的婴儿，很快他们就能跑、会跳、会骑三轮车了。新生儿大部分时间都在睡觉和吃奶，生活完全依赖于成年人。到了两三岁，他们已经学会了坐、爬、走路、自己吃饭、自己穿衣。初学走路的两三岁幼儿一直不停地运动，借助他们最新获得的大动作和精细动作技能对世界进行探索。随着身体的发育，0—3 岁儿童的感知能力（视觉、听觉、嗅觉、味觉和触觉）也得到发展。

　　随着年龄的增长，幼儿的身体素质会越来越好；他们的感知觉和意识能力得到增强，可以更有效地整合新体验，更好地认识世界。感知觉和运动技能与其他领域的能力获得共同发展。照料者可以在 2 岁的幼儿身上看到这样的情形：他跳起来，指着天空大喊："艾米丽小姐，看！我看见一只蝴蝶！"这时的他，同时展示出了语言能力、认知能力、感知觉和运动技能的发展。在人生之初的前三年，幼儿需要充足的睡眠、健康的饮食、探索的空间、玩耍的物品和材料——最重要的是，他们需要大量的爱。爱是把所有一切融合在一起的"胶水"。它鼓励幼儿相信自己的感觉，相信自己。

皮亚杰认为，婴儿一出生就试图通过感官和活动感知世界，他把这个阶段称为感知运动阶段，0—2 岁的幼儿处于这个阶段。皮亚杰认为婴儿对世界的认识仅限于他们的感官体验和活动感知，他们所做的活动驱动着他们的认知发展。

根据皮亚杰观察，在儿童发展感觉运动以及获得新的认知及身体技能的过程中，成年人扮演着重要的角色。0—3 岁期间，成年人的关怀与照顾必不可少，确保幼儿健康成长，顺利过渡到下一个阶段。要学习如何对儿童的感觉体验和运动需求做出反应。例如，给婴儿的玩具要纹理明显，有利于婴儿用嘴巴感知玩具的表面；它的颜色也要鲜艳，以便吸引婴儿观看。玩具在摇动时能发出声音就更好了。一个简单的玩具可以给他提供很多机会整合感觉和运动技能，促进它们的发展。给婴幼儿用的游戏材料和物品要尽可能地具有多样性，使幼儿的大脑、感官和肌肉获得丰富的刺激，更好地发育。

感知觉发展

感知觉发展（perceptual development）描述的是通过感官感知世界的能力。儿童从出生到 3 岁迅速掌握了感官的功用，从周围的一切事物中获得各种感官印象，并通过感官认识周围的世界。

婴儿出生时已具备感知功能，可以看、听、与世界互动。被母乳喂养或者用奶瓶吃奶时，他们能尝到奶的味道，感受到抱着他们的人的温暖，看到照料者的脸和上衣的图案，听到照料者对他们说话或唱歌。幼儿身体发育的每一个阶段都蕴含着新机会，使他们对世界的感知越来越丰富。

在保育中心，幼儿体验到一个与自己的家不同的感性世界。他们听到不同成年人的声音、灯管的嗡嗡声、很多幼儿的笑声和哭声，还有音乐和歌声。他们发现室内和室外具有不同的感知体验。在幼儿的家庭和保育中心之间建立联系，保持照料的连续性：与父母合作，尊重幼儿的作息时间和喜好，让幼儿每日的生活具有可预测性和一致性，为幼儿创建一个安全无忧的成长环境，帮助他们树立足够的信心，体验新感觉、享受新刺激。

留心幼儿受到的刺激是否过度。要记住，降生之初，幼儿对世界的认识几乎完全依靠感觉。有些幼儿对触摸或声音很敏感，如果出现新的刺激，或刺激太多，都可能导致他们啼哭、难缠、焦虑不安。也有些幼儿可以承受很多刺激，甚至渴望得到更多的刺激。这些幼儿如果感到无聊，就会渴望得到新的刺激，他们可能会用哭闹表达他们的需求。仔细了解你所照料的幼儿，对每个幼儿想得到的感官体验做出反应，根据幼儿的需要，改变或调整照料环境。例如，如果某个婴儿在室内开始变得烦躁，或者开始哭泣，可以查看一下房间里的噪音或刺激是否太多。可以把他带去室外，安静地坐下，把他抱在怀里摇着他，等候他平静下来。了解每个幼儿感知世界的途径和方法，以及他们对感官刺激的反应，是照料者的重要职责之一。

早期照料环境对儿童的感官体验和整合起着至关重要的作用。随着幼儿大脑的成长发育，一些感觉数据开始生根发芽。他们利用已经学到的知识理解新的信息。当幼儿发现拨浪鼓可以发出声音时，他就会不住地摇动它。若给他一个不同的拨浪鼓，他会发现新的拨浪鼓的外形、手感和声音都不同于旧的拨浪鼓。他正在学习通过自己的感官体验来辨别

拨浪鼓。高品质的早期照料会为幼儿提供各种感官体验，促进他们感知觉的发展和整合。

视觉

新生儿的视力在刚出生时还没有得到完全的发育。虽然他们能看见，但视力模糊，这在他们出生后的前几个月就会发生变化。从出生到 3 个月，婴儿很快就学会了跟踪人脸和物体的移动，看到熟悉的面孔就会微笑。3 个月后，他们就能看清东西了。照料者可以帮助婴儿训练他们的眼睛，把婴儿放在婴儿活动室或活动垫上，这样他们可以看到和触摸悬挂在他们上方的柔软物体。在 3—6 个月之间，他们开始用脚踢动悬挂在他们上方的可移动物体。他们被随风飘动的物体吸引，开始迷恋头顶上转动的风扇。他们仔细观察并把玩自己的手和脚，把它们放进嘴里。6

个月大的时候，他们的视力已经得到完全发育，也可以伸手碰触熟悉的物体，喜欢拨弄拨浪鼓和其他能发出声音的物体。他们继续表现出对人脸的偏好，包括他们自己的脸。供 3 个月以上的婴儿玩的玩具上可以装有防摔的镜子，或者在靠近地板的墙上安放一面矮镜子，以便他们在镜中看到自己。这些活动会促进他们的感知觉发展，把他们的已有经验、自我意识和现实世界联系起来。

为婴幼儿提供多样化的物体供他们观察和探索。照料者可以把幼儿在教室里活动的照片制作成柔软的毛毡书，或者把他们的照片贴在墙上。给婴幼儿看新事物的时候，说出它们的名字。照料者可以说，"看，这个是花。它是黄色的。上面有花瓣。我们要不要找个喷壶给它浇浇水呢？"室内和室外可供幼儿观察的东西不同。要记住，对幼儿来说，一切都很新奇。他们第一次观看蝴蝶翅膀的颜色和图案时，照料者应该和他们一起表现出兴奋，有意识地把他们引入奇妙的世界。一旦婴儿学会自己坐、翻滚、爬行和走动，他们就获得了更多机会体验和了解他们所处的环境，开始朝着自立前进。

听觉

婴儿的听觉系统在母亲腹中就已经开始发育，出生时已经发育完全。人在婴儿时期就已经表现出对人的声音的偏好，出生后会立即把头转向母亲发出声音的方向。与其他声音相比，新生儿更喜欢成年人说话的音调和音高。他们可以区分成年人和儿童的歌声，而且他们更喜欢听成年人为儿童唱歌（Patterson，2009）。一旦他们能够抬起头，能够把头从一边转到另一边，他们就知道声音从何而来，并能在他们看到和听到的对象之间建立感官联系。照料者可以把他们抱在怀里，或者和他们一起坐在户外，帮助他们锻炼识别声音的技能。婴儿可以听到风的呼啸声，风铃的叮当声，风向袋发出的哨声。经常听到成年人说话的声音、大声朗读的声音、唱歌的声音，婴儿很快就能学会辨别各种声音。在他们的生活环境中播放音乐和歌曲，让婴幼儿在听音乐的同时感知不同的乐器。

学习倾听是学会说话、积累词汇、掌握语言的基础。（我将在第九章进一步讨论语言的发展。）观察婴儿对声音的反应，如果照料者对婴儿的听力有任何担忧，请与父母交流，建议他们找健康专家对婴儿的听力进行筛查和评估。听觉是感知觉发展的一个重要部分。

嗅觉和味觉

像听觉一样，嗅觉和味觉在出生时都已发育完好。婴儿仅凭气味就能分辨出他们的母亲。他们似乎也能够区分出甜、咸、酸和苦

（Patterson，2009）。他们喜欢甜甜的味道，喜欢母乳的甜味，把甜甜的液体放在他们的舌头上，他们会微笑。接触到苦味或酸味时，婴儿会皱起鼻子表示厌恶（Feldman，2007）。尝试新的食物时，婴儿的反应完全凭感觉：他们对食物的气味、味道、温度和质地都有反应。他们会发现，蔬菜闻起来和尝起来都与水果或谷物不同，肉的质地与水果或蔬菜很不一样。这些新的感官体验对婴儿来说可能是愉快的，也可能很不愉快。留心他们的反应，慢慢地让他们尝试新食物。6—10 个月大的婴儿可以发出偏好信号，让照料者知道他们是否需要更多食物或者已经吃饱了。

触觉

触觉是新生儿最重要且高度发达的感觉系统之一。无论是婴儿躺在母亲的乳房之间或父亲赤裸的胸膛上，皮肤与皮肤相接触，成年人的身体成了让婴儿感到温暖的恒温箱。新生儿对肌肤接触反应良好；皮肤接触有助于婴儿建立起对父母的安全依恋。皮肤与皮肤的接触已经被用于早产婴儿的护理，帮助早产儿存活。皮肤是人体面积最大的器官，婴儿被触摸、摇动、拥抱和抚慰时，高度敏感的皮肤会向大脑发出信任、快乐、安全或者与此相反的重要信息。

我在第三章说到，帮助母亲和婴儿建立安全依恋，照料者起着重要的作用。支持母婴建立安全依恋关系的方法之一是为哺乳期的母亲提供一个安静的地方哺乳。哺乳期间的肌肤接触可以增强婴儿的被爱和安全感。照料者把婴儿抱在怀中，让婴儿贴近照料者的脸，或者轻抚婴儿的脸庞，也会带给婴儿类似的感觉。要认识并重视触摸的重要性，敏锐地发现幼儿对爱抚的需求和渴望。

高品质的幼儿照料项目可以为 0—3 岁儿童提供各种感官体验。幼儿会发现各种材料和物体的表面感觉不一样，要给他们提供纹理不同的材料，鼓励他们触摸。帮助他们学习如何描述这些平面的触摸感觉（粗糙的、光滑的、凹凸不平的、黏黏的，或者柔软的等）。对他们的喜好保持敏感——有些幼儿可能会非常讨厌触摸某些平面或某种纹理。调整环境，满足他们的感官需求。

大动作发展

大动作技能涉及身体的大肌肉，行走、坐起、踢腿等功能都依赖大动作技能。大动作技能发展有公认的标准，某些大动作技能，如行走技能的获得用时比较长，要经过数月的练习。随着婴儿的成长，他们的身体和动作变得更加精准。更复杂的大动作技能的发展和学习与婴儿观察世界的角度有很大关系。婴儿大部分时间都躺在床上或者地板上，仰望世界，他们时常摇动胳膊和腿，把头转向熟悉的人，学习认识周围的世界。这种早期活动有利于他们的大肌肉得到锻炼和发展，促使他们很快学会独立坐起、爬行、站立、行走。

学会坐

大多数 3 个月大的婴儿可以借助双臂的支撑，把肩膀抬离床面或地板。到 4 个月大的时候，为了更好地观看世界，促使他们对自己的身体进行更多的控制：他们开始做翻身运动。当他们达到这个发展里程碑时，不要让他们单独待在高出地面的地方。在练习翻滚的阶段，婴儿大部分时间都躺着，要么玩弄他们的脚丫，要么不断地踢腿。这些活动可以使他们的肌肉得到锻炼和加强，大概 6 个月大的时候，他们能做到在无人帮助的情况下坐起来。婴儿开始自己四处探索的阶段，照料者要对婴儿所处的环境进行仔细检查，排除隐含的危险。确保所有的电源插座都装上安全锁、所有的电线都在婴儿摸不到或者牵拉不到的地方，确保各种物品的安全性，确保任何物体都不会掉落到四处爬行的婴儿身上。

脱离帮助独自坐需要更好的平衡能力和更强的肌肉力量。婴儿学习独自坐的时候，首先做到的是三角支撑的坐姿：坐着的时候，一只手支在地板上保持平衡，另一只手伸出去拿玩具。这时，他们很可能因坐立不稳滚倒在地，他们会顺势躺下，仔细把玩刚刚拿到的玩具。在刚学习坐的阶段，他们坐着伸手拿物体时，经常会失去平衡，身体倒下不自主地翻滚。恢复坐姿是他们实现自由移动的第一步。他们很快就意识到可以腹部着地向前爬行。他们坐起、匍匐、滚爬，很快就能用手和膝相互协调保持平衡了。在你意识到之前，他们就会爬了——婴儿的身体发育迅速进入下一个阶段。

爬

爬大大提高了婴儿的灵活性。现在他们可以做到身体协调快速移动了。刚开始爬的时候，婴儿用手和膝保持平衡。爬行过程中，由于还不能很好地掌握平衡，他们可能会前后摇摆。一旦膝盖能离地，他们就爬动起来，手和膝盖着地，臀部悬空，完成"熊爬"。

婴儿在爬行阶段特别让人紧张。他们需要更开阔的空间安全地练习新技能，也要有足够的空间对世界进行探索和发现。你可以跪在离他们 1~2 米远的地方，鼓励他们爬到你这边来。你可以说，"看呐，你在爬呢。你能爬到我身边来吗？看！你爬过来了！"尽量提供足够的机会，让婴儿在室内外锻炼爬行。创设一个空间，放满玩具，设计他们可以玩的游戏，让练习爬行的婴儿尽情使用和参与。在户外，可以为他们提供柔软的地毯和枕头，让他们可以在需要的时候坐在上面；注意遮阳，保护他们避免受到阳光的伤害。确保所有的玩具和物品都处于良好状态，对爬行的婴儿来讲，玩具尺寸不要太小。时不时地检查地板，清除任何可能导致婴儿窒息的物品。这个阶段的婴儿会把很多东西放进嘴巴里，很有可能会导致窒息。

爬行通常发生在 6—10 个月。并不是所有的婴儿都会爬行，尽管大多数婴儿都会。当照料者观察到某个婴儿 6—10 个月大了还没有开始爬行，这可能是发育迟缓的迹象，应该把这个情况告诉婴儿的父母，这个婴儿可能需要专业的卫生保健人员对其进行专业检查和评估。

扶持站立

婴儿大约 8 个月大的时候，不断坐起和爬行使大多数婴儿的腿部、臀部和腹部肌肉得到了足够的锻炼和强化，使他们能够站起来开始行走。在这个阶段，婴儿会爬到桌子、沙发或椅子旁边，扶着这些家具，借助这些家具的支撑，将身体拉起，完成站立。他们借助家具保持平衡，很快就学会两腿站立，围着家具不停地移动。这个时候，特别适合给他们提供可推拉的玩具或者带轮子的小推车，帮助他们获得平衡和信心，训练他们站立和行走的能力。婴儿迈出第一步时，无论是婴儿自己还是照料者都会无比兴奋。逐渐地，他们可以做到向前走几步，蹲下来，捡起地上的玩具，再站起来，不再需要任何辅助。他们的肌肉越来越强壮，身体协调性也提高了。为他们提供低矮、牢固的家具或柜子，帮助他们保持平衡。这个阶段是引入柔软攀爬活动器材的大好时机，可以让他们的大动作技能得到持续发展。

行走

不同婴儿开始学习走路的年龄跨度很大。大多数婴儿在 12 个月大的时候开始迈出第一步。刚开始，他们还不能很好地保持平衡，行走起来不怎么稳定，通过持续不断地练习，他们很快就能自由行走了。在学习行走的阶段，因为掌握不了平衡，他们常常跌跌撞撞，照料者要对他们保持密切关注，随时做好准备，快速赶到跌倒的幼儿身旁。16 个月大的幼儿应该已经能轻松走路了。这意味着他们开始四处走动，从一个房间走到另一个房间，在家具和楼梯上爬上爬下，应用他们的大肌肉锻炼骑乘，或者推拉玩具。步行很快会变成小跑、攀爬和跳跃。18 个月大时，幼儿通常已经可以爬上或越过高台、搬着物品走路、热衷骑乘玩具。木制的或塑料的柔软攀岩器材，包括幼儿滑梯，是帮助他们练习攀爬的好工具。照料者可以用双手握住滑梯两侧，帮助他们学会从滑梯上安全地

滑下来。

精细动作发展

幼儿可以控制手和手指的小肌肉及手部运动的时候，他们的精细动作技能就发展起来了。0—3岁儿童首先会运用这些技能来用整只手抓住并操控物体。给婴儿提供一些可供触摸的玩具，包括拨浪鼓、柔软的玩具等，以便刺激婴儿精细动作的发展。经过不断练习，他们的精细动作变得更加精准。两三岁的幼儿通过自主吃饭、玩积木、套圆环、挖沙子等活动，精细动作技能得到进一步发展。2岁的幼儿可以运用精细动作玩拼图游戏、用蜡笔画画，或者捏面团。随着幼儿的手指和手掌变得更加强壮灵巧，他们对物体的操控和探索变得更加精密、熟练。

触探物体

婴儿出生时已经具备抓握和碰触物体的能力。照料者可以看到新生儿的这种表现：婴儿常常把母亲或父亲的手指紧紧抓握在手中。这种抓握反射有助于父母与新生儿建立早期情感联系。抓握反射在大约两个月时消失，婴儿张开握紧的拳头，开始伸手触探物体，从而揭开了他们探索外部世界的新历程。婴儿能够拿起手机、摇铃或奶瓶时，他们就开始了解更多周边环境的信息。给婴儿提供合适的活动健身器材或活动垫子，以便他们自由挥动手臂，拍打、挪动或触碰物体。更重要的是，在这个阶段，婴儿开始运用他们的新技能，伸手触摸照料者的脸，或者把玩照料者衬衫上的纽扣，开始和照料者建立联系，通过自己的感官探索世界。

4个月大的时候，婴儿抓握和触探物体的能力更加强大。他们日渐提高的精细动作精准度与他们识别和定位物体、玩具或人的能力相吻合。

这是他们日益增长的认知技能的一部分。这个阶段，婴儿会张开四肢，把物体紧紧抱住，也能做到把手张开又合上。

在幼儿面前放些可爱有趣的物体，让他们练习伸手抓握。5—6个月大的时候，婴儿已经可以伸出手，把物体抓起，握在手中摇晃。通过不断练习，他们伸手拿包括奶瓶在内的物体时，动作越来越熟练，越来越精细。一旦婴儿注意到玩具会发出声音并且可以被移动，他们就会对物体产生极大的兴趣，满心快乐。质地明显、能发出声音、有活动部件的玩具对婴儿的吸引力很大，这些玩具有助于整合婴儿的感官刺激和动作，提高他们的认知能力。婴儿伸手拿玩具玩耍时，包括手指在内的手部肌肉变得更强壮，动作更精确。很快，他们就可以用大拇指和食指捏起小物件了。

捏取

起初，婴儿用整只手抓取物体。随着年龄的增长以及精细动作技能的提高，他们渐渐学会**捏取**（pincer grasp）——也就是说，拇指和食指相对，将物体捏在这两指之间。一旦学会这个动作，他们就可以自己捏取小块食物了，也可以推拉、旋动玩具上的小旋钮。至6—7个月大，婴儿通常开始将玩具从一只手转移到另一只手，并在独自坐着的时候伸出手来，向四面八方探触。在这个阶段，照料者应该给他们提供练习机会，比如给他们提供圆环、珠串、大块拼图和大块拼板，让他们套叠、串珠、做拼图游戏，促进他们精细动作和手眼协调能力的发展。一旦他们能独自坐立，他们就开始喜欢不断地把东西放进或拿出容器。随着精细肌肉的发育以及精细操控能力的提高，婴儿自主吃饭、使用餐具也会更加自如。

接近 2 岁生日时，幼儿会变得相当独立。他们的自主意识，以及他们的"让我来"和"让我自己做"的想法也会像花儿一样开始怒放。要鼓励和支持两三岁的幼儿独立探索和独自做事。为他们的学习提供脚手架式帮助，在他们练习各项技能的时候，要有耐心。例如，帮助一个刚刚学会自己吃饭、使用勺子尚有困难的幼儿时，照料者可以轻轻地把勺子放在她的手里，帮助她把勺子放进嘴里，用话语鼓励她为此付出的努力，说："看呀！陶妮会用勺子吃饭了！陶妮，自己吃吧！"两三岁的幼儿需要各种游戏设备和玩具，同时他们也在不断调整和提高自己已有的掌控物体的能力。年纪较大的幼儿和 2 岁儿童对铅笔、蜡笔和剪刀表现出极大的兴趣。虽然他们的精细动作技能还没有完善，但是已经开始涂鸦、画画、穿衣服、系鞋带。他们在人生之初的前三年，使用手和手指操控物体的机会越来越多，变得越来越独立。

发展里程碑

儿童在不同的年龄达到不同的**发展里程碑**（developmental milestone）。有些幼儿达到某个发展里程碑的速度很快，达到下一个里程碑却要等很长时间。有些幼儿的发展完全跳过了某项技能的获取，比如爬行：有些幼儿干脆跳过了爬行阶段，直接站起来开始行走。一些幼儿在获得新技能之前表现出发育退步的现象，这也很正常。记住，每个0—3岁儿童都是独特的；每个人获得某种技能的方式和时间节点都有自己的特性。

要经常仔细观察你所照料的幼儿，将他们的成长和发展状况记录下来。如果发现他们没有在预期时间达到发展里程碑，或没有沿着发展顺序前进，就要把观察所得告诉家长，并与他们进行讨论。越早发现发育迟缓的迹象，越有助于他们的家庭及时实施干预措施，使幼儿获得最佳成长。例如，如果一个幼儿在6—10个月的阶段没有做出爬行的动作，甚至没有爬行的迹象，照料者应该建议他接受健康护理专家的专业检查评估。

以下是儿童发展领域公认的技能发展里程碑。依据这个清单确定0—3岁儿童是否达到了预期的发展里程碑。请注意不同技能的获取年龄段的重叠，这通常反映了不同幼儿达到发展里程碑的年龄范围。

身体发育及运动发展里程碑

年龄范围	发展里程碑
0—4 个月	<ul><li>尝到味道、听到声音、闻到气味、触摸</li><li>能看到物体，视力逐渐提高</li><li>用啼哭表达需求</li></ul> <ul><li>抬起头四下看</li><li>敲打晃动的物体</li><li>抓取小物体，如摇铃</li><li>追踪面孔和物体</li></ul>
0—4 个月	<ul><li>对成年人微笑</li><li>可以进行目光交流</li></ul>

（续表）

年龄范围	发展里程碑	
3—6个月	• 伸手够东西 • 扫落可移动的物体 • 翻滚 • 可以手持奶瓶 • 躺着的时候，可以把头抬起	• 借助手和肩膀，将上半身抬起 • 盯着手脚观看，并加以把玩 • 会采用三脚架姿势坐立 • 借助外力坐起
6—10个月	• 前后翻滚 • 爬行 • 捡起玩具把玩 • 推拉带轮子的玩具	• 用拇指和食指将物体捏起来 • 用手抓取食物，自己吃饭 • 扶着东西站立起来
9—13个月	• 匍匐爬行、四肢爬行、手脚爬行、会翻书看图片 • 会堆叠圆环 • 把大珠子串起来 • 玩大拼图	• 借助帮助，把厚木块放进洞孔 • 会涂鸦 • 开始滚球 • 开始自己穿衣
12—20个月	• 开始走路，尚不稳当 • 在房间四处走动 • 看见物体，会走过去拿来玩耍 • 用勺子吃饭 • 表现出对气味和味道的偏好	• 堆叠玩具 • 把物体打开、关上 • 推拉玩具四处走动 • 把物体放进容器
18—36个月	• 轻松走路 • 爬台阶 • 在低矮的平台上爬上爬下 • 怀抱物体走路 • 在两手间交换物体 • 尝试书写	• 玩小拼图游戏 • 玩橡皮泥 • 在画架上画画 • 用蜡笔填色 • 骑小型骑乘玩具

小结

儿童的身体在人生前三年发育很快。幼儿通过感知、运动和四处探索认识世界。他们的感官技能包括视觉、听觉、嗅觉、味觉和触觉能力等，通过感觉经验他们的知觉技能得到发展。本书的配套图书《婴幼儿回应式养育活动》提供了许多感官技能锻炼活动。

大动作和精细动作技能通常随着年龄的增长而发展。随着幼儿学会坐立、爬行、自己站起，直到独立行走，他们的大肌肉发育成熟起来。为他们提供适于发展的环境，让幼儿自由探索，通过爬行、攀爬、行走，使他们的大动作得到锻炼和发展。玩具和游戏设备也有利于大动作发展，在保育环境中投放可以推拉骑乘的玩具。婴幼儿大动作发展的同时，精细动作也会获得发展。起初，他们只能伸手够到物体。随着精细动作技能变得越来越好，幼儿逐渐由用整个手去触碰和抓取东西，发展到自己吃饭、穿衣、抓取蜡笔或用粉笔画画等。

不同幼儿达到发育里程碑的年龄不同，要仔细观察并记录他们的

发育情况。若发现可能出现了发育迟缓现象，尽快将你的担忧与幼儿的父母讨论。鼓励幼儿的父母请医疗专业人员对幼儿的发育状况进行评估。早期干预非常必要，通过早期干预，儿童可以在没有重大延迟的情况下达到他们的发育里程碑。

照料者的工作

- 为婴儿提供摇铃等可移动的物体。

- 为婴儿提供各种感官刺激。

- 鼓励幼儿运用他们的运动技能（滚动、快爬）取得物体。

- 为幼儿提供柔软的物体，让他们练习爬行。

- 为学习站立的幼儿提供低矮的桌子等家具，使他们可以扶着站起来。

- 提供涂鸦和绘画的工具与材料。

- 提供小型骑乘玩具。

- 告诉幼儿如何推、拉物体。

关键养育理念

- 感知觉和运动技能不是独立发展的，它们与其他学习领域的发展有着紧密联系。

- 认真观察儿童如何整合感觉信息，调整教学策略以适应他们的需要。

- 新生儿已经具备感知、倾听以及与世界互动的感觉系统。

思考与应用

1. 列举三件促进儿童身体发育的室内活动。婴儿、学步儿和2岁儿童的保育环境应该有何不同？

2. 说出三种促进幼儿的感知能力、大动作和精细动作能力发展的活动策略。针对婴儿、学步儿和2岁儿童的策略有何不同？

3. 面对身体发育迟缓的幼儿，你该怎么办？

4. 列举在增进对身体发育知识和认知方面你能做的两件事。

认知发展：思考与学习

　　婴儿自出生起就开始感知这个世界，开启了**认知发展**（**cognitive development**）的进程。对他们来说，世上的一切都是新鲜的：第一次闻到香味、第一次品尝食物、第一次听到声音、第一次感受不同的质地。每一次的新体验，都会使他们的大脑神经连接更加丰富。（第四章详细论述了这一点。）高品质的学习环境可以给幼儿提供丰富多彩的生活体验，强化儿童的大脑神经连接。幼儿的神经连接得到强化，大脑发育进一步提高，认知技能得到提升。为 0—3 岁的幼儿提供体验各种经历的机会，帮助他们获得认知发展。3 岁左右的时候，幼儿的思考能力、推理能力和解决问题的能力会得到显著提高，这与照料者不断给他们提供新事物有分不开的关系。

　　认知发展不是一个简单的发展过程，幼儿的认知技能发展需要整合各种基本技能。幼儿的认知能力随着运动和感知觉能力的发展得到提升。

游戏活动与婴幼儿感知觉和运动能力相适应，则会促进他们探索和发现周围人和事物的能力。在户外沙堆玩耍的幼儿会发现铲子和沙桶，他会往沙桶里铲沙子。当他意识到桶已经装满，就会把沙子倒出来，然后再次把桶装满。在铲沙子、倒沙子的过程中，他综合运用了感知觉、运动能力和认知技能，并在重复进行的过程中进行不断地思考。他能感觉到手上的沙子，看到沙子从桶里倒出来。要鼓励儿童进行这种自发的、与他们能力相适应的游戏活动，帮助幼儿提高他们的认知技能，让他们更好地了解世界的运作规律。

皮亚杰认为，儿童天生具有好奇心，他们通过不断试错来学习，在现有的认知基础上构建对世界的认知理论，并对其加以验证。正如我在第二章所论述的，皮亚杰认为认知发展贯穿儿童的所有发展阶段，每个阶段都有很多他们要面对的核心挑战。他认为 0—2 岁儿童借助感知觉，经历各种探索和游戏活动，使他们的认知技能得到发展和提高，他称这个阶段为感知运动阶段。在婴幼儿期，儿童通过探索、试错和不断重复进行学习。每个人都见过 0—3 岁儿童的重复运动，比如重复按动玩具上的按钮，或者不断把东西放进盒子里，再把它们拿出来。很明显，他们试图理解正在做的事情，研究物体的特性和功能。随着不断探索，他们生成了更多新的神经连接。一旦儿童的认知技能提高，他们就能更好地理解物体的属性。当他们进入皮亚杰所说的前运算阶段（2—6 岁），就会开始认识皮亚杰所说的**客体永久性**（**object permanence**）并形成相应的**心理表征**（**mental representation**）。

客体永久性

认识客体永久性是婴幼儿认知发展的一个重要里程碑。根据皮亚杰

的观察，8个月以下的幼儿认为一旦看不见或听不见物体，物体就消失了。8—12个月的某个时候，幼儿开始认识到人与物是独立存在的。他们认识到，看不见、听不到物体，并不意味着物体不存在。当幼儿意识到即使感受不到，物体也依然存在的时候，他们就掌握了客体永久性的概念。躲猫猫游戏就是一个很好的例子：那些还没有掌握客体永久性概念的婴儿认为，成年人用手遮住他的脸时，这个人就消失了。随着婴儿对客体永久性概念理解的增强，他们会一遍又一遍地玩这个游戏，开心地拉开大人的手，把脸露出来。他们知道即使看不见，照料者仍然在手的后面。

一旦幼儿掌握了客体永久性，他们把掩藏起来的物体找出来的能力就会飞速发展，并且非常乐于找到自己视线之外的物体。这个发展里程碑是一个重要的转折点，从此，他们开始玩捉迷藏类的游戏。照料者可以把一些小玩具给婴儿看一下，然后把它们藏起来，和幼儿一起寻找这些物体，看看他能不能找到。一旦幼儿掌握了这种游戏玩法，他们就开始主动把东西藏起来让照料者找。（本书的配套图书《婴幼儿回应式养育活动》提供了许多活动，照料者可以用这些活动帮助儿童提高认知能力，并把客体永久性教给他们。）一旦婴幼儿掌握了客体永久性这个概念，他们就开始创建关于图像和概念的心理表征。

心理表征

认识客体永久性有助于儿童理解符号，是幼儿创建心理表征的基础。心理表征是人、物、地点和思想的心理表象。皮亚杰认为儿童在18—24个月开始用图式和符号来代表物体。随着儿童的思维越来越发达，他们心中的图式变得更加复杂。8—12个月大的儿童想到球体的时候可以在脑海中创造出球的图像，但是他们脑中的图像所具有的属性还不完全。通过玩球，他们对球的了解越来越深刻，球的心理形象越来越精细：球有很多种颜色、不同的球有不同的质地、球会弹跳或滚动。这些更复杂的内部图像有助于儿童将游戏进行扩展，他们的认知技能也会变得更加复杂。

心理表征帮助儿童进行抽象思考、推理、解决问题。儿童能在头脑中记住图像的时候，他们就能沿

着自己的脚步回去寻找在路上丢失的物体。他们可以遵循简单的指令，构建新的对象，扩展游戏活动，进而把观察到的事物和行为表演出来。他们根据在家里或学校看到的情景，可以检索到相关的图像。两三岁的幼儿可能会抱着玩具娃娃假装喂幼儿吃东西，或者抱着玩具娃娃不住地轻摇。心理表征通过包括这种方式在内的很多种方式，为幼儿的假装游戏提供资料和架构，幼儿从记忆中抽取符号、图像和概念。（尽管图像和概念被认为是不同于符号的表现形式，但它们也是儿童不断增长的认知能力的体现。）

在对物体进行探索和学习的过程中，幼儿对物体的属性有了丰富的认识，例如：珠子是圆的，而立方体有6个平面，关于物体及其属性的心理表征渐渐形成。他们把这些信息存在大脑里，以便以后解决问题或遵循指令时检索。比如，询问某个幼儿是否想做串珠游戏。如果他已经玩过串珠游戏，听到串珠游戏就知道照料者问的是什么，因为他已经具有串珠的心理印象，知道串珠是什么。他脑海中还会浮现出篮子的图画，篮子里装着珠子和穿珠子用的鞋带，以及篮子放置的位置。

随着儿童存储的心理表征不断增加，他们逐渐可以完成更复杂的任务，比如分类和归纳。记住，他们的认知技能及接受性和表达性语言能力正在发展，要帮助他们把不断增长的心理表征及符号和文字联系起来。包含实物图片的书有助于强化心理表征。

因果关系

婴儿很早就开始学习的另一种认知技能是对因果关系的认知。最初，玩具移动或发出声音时，婴儿会很惊讶，会将目光转向照料者，希望得到照料者的安慰，同时想知道照料者对这一惊人事件的回应。起初，他们对因果关系的认识很简单，比如：敲击可移动的物体或摇晃摇铃，他们发现会发生一些事情。重复这些动作的时候，可能会意外地使用到身体的不同部位，然后发现竟然产生了不同的结果。他们反复试验，变换各种姿势，直到自己满意。每一次尝试都会在他们的大脑里形成认知联系。行动更加灵活的时候，幼儿会尝试用更精细的因果关系对他们得到的理论进行测试。他们用木勺敲打地板，又用木勺敲打柔软的枕头或塑料玩具，试图弄明白发出的声音是否一样。婴儿不停地尝试、探索、认知因果关系，目的纯粹而简单。他们对物体进行推、拉、扭，甚至旋转，以便更好地了解它们的特性。两三岁的幼儿会用积木搭建高塔，为了让

玩具车通过，他们会运用问题解决能力检测塔的大门是否足够大。高品质的早期学习环境鼓励幼儿动手，让幼儿在游戏中探索因果关系。

婴儿开始咿呀学语的时候，照料者学着他们的样子，叽叽咕咕、咿咿呀呀地回应他们，这时，他们已经在体验因果关系了。这种呼应式互动是对他们付出努力的一种鼓励，同时，因果关系会促进婴儿的社会性-情绪发展。对因果的探索有助于婴儿感知能力的发展。婴儿通过感觉器官了解物体，观察它们的运作，倾听它们发出的声音，研究它们如何打开、关闭。

带有按钮的互动玩具和会旋转或发光的物体会强化因果关系，促进幼儿感知能力的发展。

儿童把物体拆开，再重新组合起来，进行把玩，发现其中存在的因果关系，他们解决问题的能力就会得到提高。随着思维的不断发展，学步儿的意识能力在不断探索的过程中变得更加敏锐。他们发现可以把玩具放进塑料购物车里，然后他们想知道：还有什么东西可以放进购物车里？我可以把它们带到哪里去呢？他们可能会把购物车装满绘本或柔软的玩具，然后把它推到外面尽情玩耍。

记忆

据皮亚杰的观察，儿童通过试错，形成心理图像，或图式，并利用这些先验知识建构新知识。他们把信息储存在记忆中，以此为基础，进行更高级的思维和推理。随着幼儿关注范围的扩大，他们检索到的信息更加广泛，对更具挑战性的物体关注时间增加，对简单玩具和图书的关注度逐渐减少。因此，在认识到儿童大脑日益复杂的基础上，为他们创建适合不同发展阶段的学习环境至关重要。

回应式的早期学习环境旨在帮助儿童构建记忆能力，重视生活常规和活动框架，使儿童有机会在现有记忆的基础上预测将要发生的事情。把每天的活动计划告诉幼儿，一大早就把当天的活动都告诉他们。告诉两三岁的幼儿："今天，我们会在室内玩耍，也会在室外玩耍；我们会唱歌、读书；你们也可以玩拼图和串珠游戏。今天天气很暖和，我会把戏水工具放在外面，想玩水的小朋友可以尽情玩耍。我也会把涂料、画笔和海绵拿出来，你们可以画画。"一天生活结束的时候，和幼儿回顾一下他们在过去的一天里做了什么，同时预告一下明天的活动计划。像这样，遵循每日例行常规，可以给幼儿带来连续性和安全感，也为他们提供了宝贵的机会去遵循简单指令和做记忆练习。

开放式问题可以促进和帮助幼儿的语言能力和认知能力的发展。帮助儿童回忆过往经验，将相关信息与现有事件关联起来。在全天的活动中，常和他们一起讨论读过的书中提到的人、物，谈论他们午饭吃到的食物，以及他们喜欢的玩具。这些互动有助于强化幼儿的记忆，提高他们的语言及认知能力。

模仿

早在婴儿认识到自己是一个独立的个体之前，他们就已经会模仿父母及照料者的面部表情和手势了。6周大的幼儿可以模仿陌生人的面部表情（Meltzoff & Moore，1997）。婴儿会模仿成年人对他们做出的动作，比如向成年人吐舌头。他们也对模仿的动作进行自我修正，以便与成年人的样子更加相仿。

婴儿玩的这些游戏成为之后模仿的基础。有人说，模仿是传承文化和家庭传统的重要方式，虽然这一说法也许并不严谨，但是，婴儿和学步儿确实是通过观察和模仿周围的人，承袭了他们的家庭文化传统。模仿得越好，他们和家庭文化价值观及传统习俗的融入就越彻底。

可以将模仿与语言和词汇联系起来。幼儿乐于模仿他们听到的声音，重复他们听到的词汇。你可能会说："这是一只乌龟。你能说'乌龟'吗？"他们会以说出"乌龟"这个词作为回应。你笑着说："对了！乌龟！"慢慢地说出并重复词语，将词语和模仿动作联系起来。学习唱歌和演奏乐器能促进语言发展。儿童可以通过手指游戏学习歌曲，他们可以观察和模仿你的动作。

随着幼儿认知能力的提高，他们将记忆、心理表征和抽象符号整合到模仿的姿势和行为中。例如，在扮演游戏中，学步儿可能会模仿他在家里观察到的电话对话情景。他模仿父亲的手势，模仿父亲点头、皱眉的样子，假装通过电话倾听别人说话。他可能摇头表示"不"，或者对玩偶摇动他的手指，表示不许可或者不赞同。

婴儿和学步儿在操控物体方面变得更有经验并记住物体的属性时，就会模仿这些物体的动作和声音。事物的属性存储在幼儿的记忆中，以便解决问题时被检索到，也会成为假装游戏的参考。例如，给幼儿读一本关于农场动物的书。阅读的时候，将每只动物发出的声音展示出来。幼儿会重复并模仿这些声音，他们的记忆得到发展和丰富，当他们看到农场动物时，很容易就会想起这些声音。他们玩动物玩具，或者欣赏动物图片的时候，可以再现曾经听到的照料者给他们读书时发出的声音。

空间意识

婴儿很早就有了**空间意识**（spatial awareness）。空间意识是理解某个物体相对于其他物体位置的能力。出生几个月后，婴儿的视力更加清晰，看物体更清楚，他们开始观察周围人和物的活动。他们观察移动的物体，发现它们互相碰触时会改变移动方向。他们用嘴巴探索物体、挪动或操控玩具时，会学到它们的空间和感官特性。通过试错，他们了解物品如何组合在一起、如何开启或关闭。他们不断长大，开始玩拼图或软积木玩具。

提供以儿童为主导的活动、玩具和物品，让0—3岁儿童可以了解游戏空间里的各种物体。可移动和旋转的游戏垫，可以让在游戏垫上玩耍的幼儿了解空间意识。幼儿不仅会了解物体的空间属性，也会认识到游戏空间中自己的身体。他们的移动能力增强之后，给他们提供能引起他们兴趣的东西，让他们在上面练习爬行，比如柔软的枕头和爬行隧道。这些物体使得幼儿在实际活动中学习到身体如何与空间相适应，也认识到什么样的空间不适合进入。认可幼儿在驾驭空间方面付出的努力，并用适当的语言鼓励和支持他们对空间认识的加深。照料者可以说："米格尔，我看见你爬过了隧道。你能爬到镜子前面去吗？"照料者把新玩具和物品介绍给他们时，很小的幼儿已经开始看到它们与其他物体的关系。他们利用这种意识解决问题，例如，移动其他物体，判断新玩具相对于其他玩具的位置等。这些经历可以把物体的移动教给幼儿，也会让幼儿了解这些物体与其他物体的相关性。

数学意识

幼儿学会识别物体，给物体分组和分类时，他们的**数学意识**（**mathematical awareness**）就得到了发展。一旦幼儿开始通过感官探索世界，他们很快就会把自己发现的物体进行分类和排序。例如，他们很快就知道哪些玩具会发出声音，哪些玩具会滚动或弹跳。数学意识的发展，也包括幼儿数字感的发展。

照料者可以在与幼儿的日常互动中鼓励他们的数字意识的发展。例如，照料者可以对婴儿说"你有两只漂亮的眼睛，一个漂亮的鼻子"或者"我们把你的鞋子穿上吧。你有两只鞋，一只在这里，另一只在那里"。照料者也可以通过唱歌、做游戏、讲故事等，将数字介绍给幼儿。像"5只小猴子在床上跳（Five Little Monkeys Jumping on the Bed）""头、肩膀、膝盖和脚趾（Head, Shoulders, Knees and Toes）"和"变戏法（Hokey Pokey）"等歌曲，可以把新的单词、音乐、节奏和身体部位的分类教给幼儿。像比尔·马丁（Bill Martin）著的《棕熊，

棕熊，你看到了什么？》(*Brown Bear, Brown Bear, What Do You See?*)、安妮·库伯勒（Annie Kubler）著的《十个小手指》(*Ten Little Fingers*)、罗杰·普里迪（Roger Priddy）著的《颜色、字母、数字》(*Colors, ABC, Numbers*)这样的图书，可以帮助幼儿将书中的物体和数字关联起来，为幼儿进行物体分类、建立数字意识奠定基础。通过不断练习，幼儿很快就能更熟练地给物体分类。

分类是 0—3 岁儿童数学意识的重要组成部分。随着语言技能的发展，他们在给物体分类、将相似物体归为较小集合（我们所谓的子集）方面变得更加熟练。他们把狗和其他动物（如猫、牛和马）区别开来，认识到狗与其他动物是不同的。随后，他们又发现狗也可以分为更小的集合，比如，按照皮毛的颜色，狗又分为棕色的、棕褐色的或黑色的。他们从简单地把狗定义为动物开始，逐渐可以用更多的细节描述它们。随着词汇量的扩大，他们给狗的定义更加丰富：大的，棕色的，皮毛卷曲的和耳朵尖尖的，等等。在这个阶段，他们的数字意识不断加强，使得他们给物体进行"大与小，多与少，和一些或很多"等分类成为可能。这些概念术语帮助幼儿更准确地描述事物。虽然他们可能还不完全理解数字的具体含义，但他们开始将事物归为不同类别或更小的集合或子集。当照料者问两三岁的幼儿"你几岁了"的时候，他会举起他的手指说"二"或"三"。虽然他知道"二"这个字，但他并不真正理解举起两个手指和他的年龄之间的关系。在这种情况下，很容易看出认知发展与幼儿的语言技能发展关联密切。

把相像或相似的物体进行排序、分组或进行关联，是幼儿学习更复杂的数学技能的基础。在以游戏为主的学习环境中，幼儿通过照料者提供的活动获得基本的数学技能。照料者可以提供具有相似属性的物品让幼儿分类，以促进他们的数学技能学习，这些物品可以是颜色相同却大小不一的珠子，也可以是大小一样却颜色不同的珠子。不同大小的物体为幼儿提供了应用大小概念的机会。给三维物体进行排序，为幼儿提供了根据物体的形状和颜色对物体进行排序的机会。照料者可以创设一个感官体验站，幼儿可以在那里探索各种气味，如柠檬味、玫瑰花味、薰衣草味和薄荷味。鼓励他们探索各种气味，和他们一起辨别对气味的喜好。让他们描述一下他们闻到的某种气味，分享一下为什么喜欢或不喜欢某种气味等。这些活动有助于他们整合各个领域的学习，并将他们的经验转化为记忆。

将经验关联起来

　　婴幼儿不断地构建新知识，形成记忆和表征。随着幼儿认知技能的提高，他们开始更有效地将这些关联在一起。幼儿经历得越多，他们的神经连接就越多。皮亚杰认为由于天生好奇，幼儿不断地探索世界，构建世界观。高品质的早期学习环境会激发幼儿与生俱来的好奇心，激发他们了解新事物的渴望。积极回应的照料者在帮助幼儿构建现有知识、建立新连接方面起着重要作用。与幼儿交谈，给他们阅读图书，可以增加他们的词汇量，帮助他们将观察和经验所得与词汇关联在一起。使用布偶类的道具帮助幼儿将故事与具体形象联系起来，让阅读变得更加生动有趣。音乐、手势和身体动作等

可以鼓励幼儿把不同的感官体验联系起来。设计适合幼儿成长的活动，帮助幼儿将学习的各种知识关联起来。

遵循简单的指令

随着幼儿接受性和表达性语言能力以及心理表征能力不断提高，他们开始能够遵循简单的指令。照料者要求他们把玩具放回架子上，他们首先需要清楚地知道架子是什么，并且需要具有把玩具放在架子上的心理表征。帮助他们明白现有的指令，有助于他们学会遵循指令。给他们做出行动榜样，逐步引导幼儿完成照料者对他们发出的指令。一旦他们的记忆力和心理表征增加，3 岁的幼儿就可以遵循需要两三个步骤才能

完成的稍复杂的指令。

　　图文兼备的图表有助于帮助两三岁的幼儿理解简单指令。图像可以形象地帮助他们了解遵循指令的步骤。例如，"现在－稍后"图表。用图片的方式向幼儿表明吃饭（现在）和外出玩耍（稍后）的先后关系。这样的图表可以帮助幼儿明白如何遵循简单指令以及遵循指令的结果。随着语言技能的提高，他们可以更好地遵循指令。要确保指令简单易行，同时要用幼儿能理解的语言发出指令。幼儿需要足够的语言技能和认知理解力，才能成功地遵循简单指令，这也是幼儿需要在保育中心建立和拥有的技能。在幼儿学习遵循指令的阶段，要对他们有耐心，要给他们演示如何遵行指令，并帮助他们不断练习。

小结

　　儿童在探索世界的过程中认知技能得到发展。幼儿的思考、推理和解决问题的能力随着各个发展领域学习的整合得到提升。幼儿掌握客体永久性和心理表征的概念后，他们的神经连接会变得更加强大。幼儿期的两个主要发展任务是整合学习、发展复杂思维技能（包括因果关系、记忆力、模仿力、空间和数学意识、关联经验，遵循简单指令等）。为儿童提供了解和认识世界的机会。（本书的配套图书《婴幼儿回应式养育活动》，提供了很多有助于幼儿认知发展的活动。）

照料者的工作

- 与婴儿一起玩躲猫猫类的游戏，帮助他们了解客体永久性。

- 与幼儿谈论他们所看到和体验的事物。

- 阅读有物品照片的书，强化幼儿的心理表征。

- 为婴儿提供摇铃等物品，帮助他们认识因果关系。

- 遵守课堂常规和时间表，让两三岁的幼儿可以预测当天的活动。

- 重复讲述同样的故事，向幼儿提问开放式问题，帮助幼儿构建记忆和心理表征。

- 给幼儿提供不同的物体，帮助他们练习排序和分类。

- 提供用于假装游戏的道具和物品。

关键养育理念

- 幼儿的认知技能建立在原有知识的基础上。

- 一旦幼儿明白即使看不见、摸不到、听不到，人和物体仍然存在，他们就明白客体永久性了。

- 心理表征有助于幼儿发展语言能力，提高认知和社交技能。

思考与应用

1. 列举一些可以帮助幼儿建立认知技能的活动。

2. 列举三种培养 0—3 岁儿童的认知技能的教学策略或活动。针对婴儿和学步儿的策略有何不同？

3. 如何将认知发展整合到其他学习领域？

4. 如何进一步提高照料者对幼儿认知发展的认识？

第九章

语言发展：声音游戏与词语应用

　　婴儿出生时已经准备好与他人互动和交流，他们天生善于学习和使用语言，他们甚至在具有理解和表达能力之前，就已经关注到自己和他人发出的声音。学习使用语言是 0—3 岁幼儿的基本任务之一，在这个过

程中，照料者起着举足轻重的作用，让幼儿轻松愉快地习得语言。在本章，我将讨论成年人在儿童语言发展中所扮演的支持性角色、早期保育项目中的最佳实践法，以及何时应对儿童语言习得迟缓进行干预。

语言习得

每种语言都有自己独特的语音、语调及语言规则。婴儿生来具有神奇的能力，可以捕捉世界上任何一种语言的精妙发音。事实上，他们具有倾听任何一种语言的能力，婴儿听到的语音语调是他习得具体语言的基石。所以，作为他们的照料者，要倾听他们的声音、对他们说话、读书给他们听、在他们的语言习得过程中扮演重要的"脚手架式"帮助者角色。

在美国，很多幼儿的母语不是英语。保育中心需要满足幼儿的双语需求，让幼儿可以同时习得两种语言。和幼儿有相同母语的照料者与幼儿说话、读书给幼儿听的时候，可以说双语。有时候，家长希望照料者仅对幼儿说英语，因为在家里他们会对幼儿说母语。不管保育中心在语言方面的策略如何，在双语环境下，0—3岁儿童会同时习得两种语言。

第一语言和第二语言发展区在大脑的同一个部位。像所有幼儿一样，双语学习者在聊天、阅读、唱歌、玩耍时与人进行口头交流，两种语言得到同步发展。在适于发展的学习环境中，儿童的第一语言和第二语言可以得到同时发展的机会。照料者与0—3儿童进行日常交谈非常重要。

可以借助布偶类道具以及实物图片引入和巩固新词汇。无论是唱歌、读书，还是讲故事，幼儿通过倾听学习第一和第二语言——所以照料者必须和他们交谈！

语言习得阶段

语言包括口头语言和身体语言的输出与接收。语言的输出和接收，通常也称为"你来我往（serve and return）"，这个过程给儿童提供了发展语言技能的机会。可以简单地模仿婴幼儿的**发声（vocalization）**，与尚不能说话的婴儿进行对话。全世界的听力良好的幼儿习得语言的顺序是相同的。

接受性语言

在 18 个月之前，婴儿主要使用接受性语言——也就是说，他们大多是倾听并理解他们所听到的，而不是把话说出来。从某种意义上说，婴儿学习语言与成年人学习第二语言相似：都是从仔细倾听开始，直到能够理解单词和句子，才能做到大声说出来。婴儿与第二语言学习者不同的是：他们还不能控制肌肉把单词说出来，也缺乏认知能力，不能识别语言和单词代表的概念、物体、记忆等和心理表征之间的关系。

婴儿随时都在倾听他们周围的语言，阅读、唱歌和谈话等积极的互动可以使他们接触文字和声音。关注熟悉的

成年人的声音和面孔并做出反应，是他们获取口头语言的第一步。

表达性语言

婴儿在还不会说话的时候，会用啼哭表达对食物、温暖、陪伴和舒适的需求。随着身体渐渐发育成熟，他们能发出更多的声音，以及使用手势和面部表情。婴儿迅速学会微笑、扭动身体，或者发出与哭声不同的其他声音，以表达他们的感受。发出咕咕声是语言发展的第一阶段。婴儿在出生大约 3 个月后开始发出咕咕的声音。他们会重复元音音节（如 aaaaaa，oooooo 和 eeeeee），这些声音是从喉咙后部发出的。婴儿和成年人一起玩时，常常会发出咕咕的声音。如果成年人积极回应，婴儿会更加热切地发出咕咕声，他们也会很主动地使用其他表达性语言，比如面部表情、肢体动作和目光接触等。

接下来是咿呀学语期，大概在 6—7 个月大的时候，幼儿开始咿呀学语，咿呀学语建立在咕咕学话的基础上。这个时期，婴儿开始把辅音和元音组合在一起（如：goo goo，ba ba ba）。咿呀学语期间，幼儿热衷于循环使用各种语音组合。这些组合中有两个组合是 da da da 和 ma ma ma，父母听了会分外高兴，婴儿很聪明，迅速发现这两个组合使他们的主要照料者格外开心，就将这两个声音组合分配给了对他们回应最为热切的人。这种积极的互动会鼓励婴儿付出努力，继续探索和使用各种声音。

成年人经常用被称为"父母语（Parentese）"的说话方式与婴儿交谈（PBS，2011）。父母说的不是类似婴儿的语言，换句话说，父母使用的不是无意义的音节或者原始语法。相反，父母语抑扬顿挫，像歌曲一样有高低起伏，句子简短，用的字词也是有实际含义的词语。父母语伴随着丰富生动的面部表情和手势，标志着成年人的喜悦。父母语向幼儿表明了语言对成年人的重要性，激励幼儿使用语言。

口语

幼儿通常在 10—14 个月大的时候会说出第一个可识别的单词。这些词大多是实物或他们熟悉的人的名字——包括毯子、奶瓶、宝宝、妈妈和爸爸。幼儿最初说出的可能都是一些词语的缩略形式（例如，"饭"代表"吃饭"，"喵"代表"小猫"，"Da"代表"爸爸"），通常只有幼儿的主要照料者或幼儿的兄弟姐妹才能明白他说的是什么。必须在整个情景中，才能明白这些单音节的、经常发错音的词语代表的含义，说出这些词的幼儿和听到这些词的成年人之间发生误解很常见。刚学说话的幼儿会因为无法让人明白自己的意思，感到既沮丧又焦躁。他们使尽全身的力气想把话说清楚，伴随着丰富多彩又夸张的肢体动作，这些肢体动作就成了他们多姿多彩的肢体语言（夸张的手势和面部表情），即便如此，他们仍然可能被误解。

12—14 个月大的时候，大多数幼儿已经掌握了不少词语，不再因语言而受挫，做游戏的时候他们开始使用词语进行交流。他们可能会拿起一块软积木假装电话放在耳边说，"喂，再见"，随即把积木（电话）放下。

幼儿到 18 个月左右，词汇量虽迅速增加，句子结构的形成却相对慢一些。首先，他们把单字连起来组成词语；然后迅速用词语组成更长的结构。一两岁的幼儿还没有掌握正确的语法和词序，常常说出"妈妈饭""爸爸水"这样的句子。

帮助儿童习得语言

语言是动态的，是两人或多人之间你来我往的互动。自出生起，婴儿就能明白什么话是对他们说的；对他们说的话，他们会很用心地倾听，并且会很用心地观察和他们说话的人。有些成年人每天有很多时间与0—3岁儿童相处，认真倾听幼儿的话语，和幼儿聊天，唱歌、读书给幼儿听，帮助幼儿习得语言。要寻找一切可能的机会帮助幼儿习得语言技能。一旦发现幼儿学到一些词语，就对他们提问一些开放式的问题，同时为他们示范社交用语。

　　成年人很容易等不及，常常强迫幼儿"说话"，在幼儿还不能用语言表达自己的需求时，强迫幼儿把想法说出来。这种期望非常不现实，如果幼儿已经掌握足够的词汇，他们一定会主动使用。当幼儿用肢体语言表达自己的情感时，成年人常逼着他们用话语"说出"他们的感受，然而，要求幼儿用语言表达他们的愤怒和沮丧也不现实。首先，幼儿还不能清楚地识别他们的情绪，不知道与他们情绪相关的确切的语言，何谈用语言描述。不要急着让幼儿说话，相反，要给他们提供安全友爱的环

境，给他们机会慢慢练习和建立语言技能。

　　每天和幼儿说话，可以帮助0—3岁的幼儿提高语言技能。照料者可以一边做事，一边和幼儿聊天，告诉他们自己正在做什么，比如：喂奶、换尿布、与他们玩耍等。亲子互动，也是把幼儿浸泡在各种词语和句子中的好时机。两三岁的幼儿已经会唱歌，可以专心听故事。他们开始说话的时候，会非常热衷于和照料者你一言我一语地对话或歌唱。随着幼儿的语言能力不断提升，照料者可以鼓励他们玩装扮和假装游戏，在角色扮演中刺激他们说话的热情。

　　基于对幼儿的多年观察，我发现，帮助婴儿使用语言的方法可以很简单，比如：

- 积极回应婴儿的肢体语言。
- 模仿婴儿咕咕咕发声的样子和他们说话。
- 和婴儿聊天的时候，不时停下来，倾听婴儿的声音，谈话要有互动。
- 给婴儿唱歌、读诗，让婴儿被各种声音环绕。
- 和婴儿聊天的时候，声音要抑扬顿挫。

帮助两三岁的幼儿习得语言的最好做法与此相似，比如：

- 鼓励幼儿进行语言交流的互动，让他们说，照料者听。
- 幼儿描述他们的需求时，耐心倾听。
- 尽量避免抢着替幼儿说出他们尚未说全的句子。
- 每天和幼儿聊一聊当天发生的事情。
- 每天将幼儿接触到的新的或已知的事物或活动的名称告诉幼儿。
- 问开放式问题，耐心等待幼儿回应。通过对话和讲故事增加幼儿的词汇量。
- 每天坚持为幼儿读故事、唱歌、读儿歌、做手指游戏。

概念词汇

幼儿词汇量的增长是认知能力增长的表现。在这个阶段，他们对因果关系、时间空间等概念的理解不断发展。照料者可以经常使用**概念词汇**（concept word）帮助他们将词语与抽象概念关联起来，例如，每天活动结束的时候，告诉幼儿应该把玩具放在哪里，照料者可以将一些简单的概念词汇加以强调，比如"里面"和"外面"等。下面列举了一些概念词汇。这样做，不仅可以帮助幼儿学习概念和词汇，还可以帮助幼儿学习事物之间的关系：

- 上面
- 下面
- 周围
- 穿过

- 里面
- 外面
- 之间
- 一起

歌曲、韵文和童谣

与声音、歌曲和韵文相关的游戏，可以帮助幼儿学习语言，为他们将来的阅读打下基础。婴儿最先接触的歌曲通常是摇篮曲。每种文化都有专门唱给婴儿听的传统歌曲，曲调轻柔，有助于婴儿平静下来、获得安慰。这些安静的音乐使婴儿体验到宁静和愉悦。把幼儿抱在膝头读书给他们听也有异曲同工之妙：幼儿会把书和词语与温暖和快乐联系起来。

0—3 岁儿童喜欢学习歌曲和童谣。起初，他们虽然听不懂词语，但喜欢唱歌、做词语游戏。传统的儿童歌曲和童谣，如"划船歌（Row, Row, Row Your Boat）"和"希克利迪克利码头（Hickory Dickory Dock）"等，常常用来给幼儿做语言和混声游戏。好玩的口头语言会使幼儿更加热爱语言，并为幼儿的早期读写能力奠定基础。

年龄大一些的幼儿比较喜欢充满人为编造的稚气词语的韵律绘本，比如，桑德拉·博因顿（Sandra Boynton）的《哞，咩，啦啦啦》（*Moo, Baa, La La La*），多琳·克罗宁（Doreen Cronin）的《嘀嗒，嘛啪，嘎嘎》（*Click, Clack, Quackity-Quack*）等。有一些歌曲把语言、肢体动作和手指游戏融合在一起，很受幼儿喜爱，比如"小小蜘蛛（Itsy, Bitsy Spider）"和"拍蛋糕（Pat-a-Cake）"等，这些儿歌不仅能提高幼儿的语言能力，同时也使他们的运动技能得到锻炼，大动作和精细动作技能得到提高，词汇也更加丰富，身心两方面都会获得深切的愉悦感。

出版物

幼儿的很多词汇和语法都是从图书等出版物中学到的。**对话式阅读**（**dialogic reading**）是一种儿童积极参与的阅读方式：在阅读的过程中，儿童自己翻书页，提问题，并且积极回答有关阅读内容的提问，复述阅读内容等。在积极参与的过程中，幼儿轻松愉快地获取了语言技能。对话式阅读不仅增加了幼儿的词汇量，也对他们的语言起到纠错的作用。事实证明，至少每天给幼儿读书 15~20 分钟效果最佳。

读书给幼儿听也很重要，甚至和书中的内容一样重要。婴儿喜欢布书和纸张厚实的书，这样的书方便他们用笨拙的小手拿起和翻动。他们喜欢把书放进嘴里去感受。刚刚学步的幼儿喜欢完全没有字的图画书，图画会刺激他们的想象力，丰富他们的理解力。幼儿到 18 个月大的时候，词汇量突飞猛进，开始喜欢有实物照片的图书，学习认识物品的名字。带有简单字句和大字体文字的图书会让已经做好阅读准备的幼儿产生极大的阅读兴趣。

幼儿会不厌其烦地重复阅读喜欢的图书。对幼儿来讲，重复阅读是一件很快乐的事情，是展示自己的好机会。他们把已经学会的本事展示给照料者，并向照料者炫耀"我知道下面会发生什么"。他们喜欢内容不断重复的绘本、童谣等故事书。（本书的配套图书《婴幼儿回应式养育活动》中列有适合 0—3 岁儿童阅读的书目。）

不要忽略日常生活中随处可见的印刷品：马路上的路标、饭店的菜单、麦片包装盒上的文字等。生活环境中存在的这些印刷品可能是幼儿接触的第一批印刷体文字。照料者可以用文字标记教室里的每个活动区域，例如，"艺术区""图书区"和"我的家"，增加文字标识的出现频率。

处理语言习得障碍

0—3 岁儿童随时都在全神贯注地倾听周围发出的包括字词在内的声音。如果照料者说话的时候幼儿没有回应，没有看着照料者的眼睛，噪音很大也没有反应，有可能是听力有障碍。语言习得的关键期非常短，要尽早对听力困难的儿童进行评估和治疗。如果幼儿听不见，他们就会失去听力；大脑会为了促进其他感官的发展将听力"剔除"。如果照料者注意到幼儿对照料者发出的声音或大的噪音没有反应，应该马上建议父母带他去看专科医生。幼儿早期接触词语和各种声音是他们学习语言的先决条件，不要错失良机，积极为幼儿提供帮助。

发育迟缓

每个幼儿的语言能力的发展速度各不相同，但是如果幼儿不能如期达到相关的发展里程碑，照料者还是应该积极关注。如果幼儿对表达性语言不感兴趣，或者他的语音、语调、说话节奏或音质不符合规则，听起来很奇怪，应该请儿科医生或其他卫生保健专业人员对其进行评估（First Signs，2012）。语言筛查和语言治疗可以帮助发育迟缓的幼儿提高语言能力。

小结

语言习得是 0—3 岁儿童的首要任务之一。刚出生的时候，他们用肢体语言表达自己的需求，从呱呱坠地的那一刻起，他们就已经开始倾听周围人的声音，建立各种神经连接，为说话打下基础。在语言发展的关键期，照料者和幼儿之间的交流必不可少。回应式照料者应该放慢语速，留意倾听幼儿的反应，培养幼儿使用语言的能力，全天都要跟幼儿说话、唱歌、读书。语言丰富的环境和印刷物会促进幼儿的语言学习。听力障碍和发育迟缓会妨碍儿童的语言学习能力；一旦发现这两种情况，一定要通知家长尽早进行早期干预。

照料者的工作

- 对婴儿的肢体语言做出积极回应。
- 给幼儿读书。
- 倾听幼儿的意见，做出积极回应。
- 帮助幼儿将词语与实物联系起来。
- 跟随幼儿对印刷材料的兴趣。
- 做声音和韵词游戏。
- 用没有实际意义的、听起来很淘气的语言和幼儿一起唱歌或对话。
- 和幼儿谈论当天的活动。
- 向幼儿提问开放式问题。

关键养育理念

- 在照料过程中，不断和幼儿交谈，促进语言的早期发展。
- 有意识地使用语言，帮助幼儿将单词与实物联系起来。
- 丰富幼儿照料环境的语言素材，为幼儿创设机会构建自己的词汇，享受声音和单词游戏。

思考与应用

1. 列举你能做的三件可以扩大阅读、唱歌以及印刷品在幼儿日常活动中的应用的事情。
2. 照料者应如何回应婴儿的早期发声？
3. 请说明回应式养育对婴儿语言发展的影响。
4. 说出三种可以培养幼儿语言技能的策略。说明针对婴儿、学步儿和 2 岁儿童的策略有什么不同。
5. 照料者如何进一步深入了解语言发展的知识？

做一名回应式照料者

高品质的早期学习环境对幼儿的健康成长和发展至关重要。负责任的回应式照料者是每个高品质早期保育项目的基础，他们照顾 0—3 岁儿童，与家庭合作，确保成年人和幼儿之间建立安全依恋关系，并帮助幼儿获得四大发展领域的各项技能。

毫无疑问，达到高品质早期照料的严苛目标，会让照料者充满成就感，越发坚定要成为回应式照料者。要做到这一点，就必须深入了解幼儿发展知识，明白自己的专业发展方向，认同与同事和幼儿父母的伙伴关系。（照料者和幼儿父母的关系特别重要，美国幼儿教育协会清楚地阐明了照料者必须与幼儿家庭进行开放的交流。）

下面是我对什么是负责任的回应式照料者、照料者已经取得的成就，以及下一步需要做的事情的总结。

与家庭合作

父母是幼儿最基本的、也是最有影响力的照料者。要与幼儿的父母合作，支持他们做好父母。要记住，儿童社会和情感的健康发展，建立在他们与父母的牢固的依恋关系之上。幼儿与父母或其他家人建立起早期依恋是幼儿健康成长的基础，早期依恋有助于幼儿在未来的生活中建立其他健康关系，并使他们获得快速的心理修复能力。

帮助幼儿父母尽可能多地了解儿童发展的知识，为他们提供有关儿童四大发展领域的信息。提醒幼儿父母，儿童是积极的学习者，掌握各种能力的时间与同龄人不尽相同。可以通过发布保育中心时事通讯、召开家长会议、与家长面对面交谈、给家长发送电子邮件等方式，与家长分享有关儿童健康成长的信息——尽力保持家园对话持续不断。给父母推荐他们可能会阅读的书籍和文章，为家庭提供儿童可以在家里自主进行探索和发现的活动，向家长提供免费的育儿研讨会信息，也可以组织一些育儿研讨会，并在活动期间提供免费的儿童照料服务。创设借阅图书馆，投放可供家庭借阅的关于儿童发展和养育的书籍。

幼儿父母参与照料工作，有助于幼儿更好地学习。鼓励幼儿的家人

积极参加班级活动。在家长志愿参与照料活动的时候，把一些有意义的工作分派给他们。保育中心组织志愿活动的时候，应尽量避免增加父母的经济负担。职场父母很难在白天到班级提供志愿服务，可以考虑请他们做夜间活动的志愿者。将志愿活动机会提前通知家长，方便他们提前做好志愿者计划，或者提前安排好时间参加某些特别活动。询问幼儿父母是否可以偶尔在接幼儿回家时多停留几分钟，或者送幼儿来保育中心的时候提前抵达几分钟，请他们利用这些碎片时间给幼儿朗读故事书。

　　每天都要和幼儿家人沟通幼儿在保育中心的情况。儿童日常活动报告是一种记录儿童日常发展状况的便利方式，可以在日后作为照料者和幼儿父母回顾的依据。查看日常报告，幼儿父母不仅可以了解幼儿在保育中心的情况，也由此产生与幼儿的活动息息相关的感觉。以儿童日常活动报告为基础，和幼儿父母交流幼儿的日常活动，并把照料者或幼儿父母关心的问题记录下来。

要牢牢记住：以开放的心态和幼儿父母进行沟通，相互尊重，要与幼儿父母达成共识，共同建立良好的、最适于幼儿特点的父母－照料者伙伴关系（NAEYC，2011）。如果你的保育中心是公立的，要确保完全遵守政府关于父母参与及父母－照料者伙伴关系的相关规定。

记住，高品质的幼儿照料项目欢迎幼儿家人的参与，珍惜文化多样性，重视儿童与家庭文化的联系。在重视家庭文化的环境中，幼儿的学习效果最好。美国幼儿教育协会（2009）指出，照料者理解文化差异性、尊重幼儿的家庭文化，更有益于幼儿的学习。照料者应该努力保持幼儿与其母语的联系。

为了达到以上目的，计划并组织与此相关的活动时，要以尊重幼儿的家庭文化为核心，以幼儿的母语、家庭信仰和风俗习惯为重点。同时，还可以策划一些为期一周的特别活动，在特别活动期间，邀请幼儿家庭参与其中，请他们分享家乡的特有音乐和饮食文化，这是吸引幼儿家庭参与活动并表达照料者对他们的尊重的绝佳方式。年龄稍大的学步儿和2岁儿童可以直接参与家庭文化活动的策划与分享。积极邀请幼儿家庭参加活动，有助于幼儿更多地了解自己的文化背景。如果幼儿家长能和照料者一起进行活动策划，他们的参与度就会得到更深更全面的体现。

不断改进

要尽力不断改善幼儿的学习环境，改善照料者与所照看幼儿之间的互动。应用通用学习设计原则（详细内容见第五章），设计环境时要考虑幼儿学习风格的多样性。熟练掌握《幼儿环境评定量表》修订版（*Infant/Toddler Environment Rating Scale*，ITERS-R）以及《家庭幼儿护理环境评定量表》修订版（*Family Child Care Environment Rating Scale*，

FCCER-R），参考这些量表，对本保育中心的婴幼儿及其家庭幼儿照料学习环境进行评定。环境质量指标包括空间分配、互动安排、活动设计、时间表的制订，以及关于家长和照料者的各项规定等（Harms，Cryer，Clifford，2006，2007）。参考这些评估工具，改善保育环境质量。定期监控保育设施的卫生与安全性能，要始终将儿童的需要放在第一位。

高品质的保育项目至少每年对家庭进行一次访问，以便了解幼儿家庭认为保育中心需要改进的地方，了解家庭对照料时间、家园沟通、健康安全以及家庭支持服务的满意度。积极回应家长的反馈，主动改进保育计划，并加以实施，提高保育项目质量——要确保改进计划中包含提高专业发展的内容。

参加幼儿教育培训可以获得有关幼儿照料的新政策和新方法，了解最新的幼儿照料理念。幼儿教育培训包括幼儿发展知识、幼儿教学策略、幼儿急救方法、幼儿观察和评估等各方面的内容。高品质的幼儿保育中心应该向员工提供参加培训的机会，使其了解幼儿发展迟缓的警告信号；培训还应该包括包容性学习环境设计等方面的内容。作为高品质养育者，要确保定期参加关于识别儿童被虐待或被忽视的迹象与症状的培训，一旦发现有虐待和忽视儿童的迹象，要及时报告给有关部门。

小结

当今时代，越来越多0—3岁儿童在父母外出工作的时候生活在保育中心，而不是与家人在一起，因此，人们对高品质早期保育的需求持续增长。回应式照料者把幼儿保育看作一份神圣的来自家长的信任，以严肃认真的态度对待幼儿保育工作。要努力使你经营的幼儿保育项目成为最高品质的项目并使之持续下去。积极学习和掌握各种早期保育知识，包括大脑早期发育、幼儿气质类型以及发展适宜性实践。幼儿照料者认同0—3岁儿童在游戏中学习的理念，所以要为幼儿提供以儿童为中心的小组活动。回应式照料者支持儿童保育的连续性，努力让幼儿获得安全感，帮助其建立健康的依恋。

在0—3岁儿童的生活中，照料者是个非常重要的角色，会对幼儿的成长和发展产生巨大的影响。要竭尽全力做最好的幼儿照料者——照料者是被照料儿童健康成长和身心幸福的关键。只有在照料者的良好保育下，幼儿才能幸福茁壮地成长。

照料者的工作

- 预留时间与幼儿父母定期会面。
- 与家长合作，尊重幼儿的家庭文化。
- 每年向幼儿父母征询保育满意度，并据此制订保育改进计划。
- 根据家庭和幼儿需求的不断变化，调整保育项目。
- 向幼儿父母提供早期教育信息资源，开办育儿研讨会，或为他们提供相关信息。
- 设定持续的专业发展目标。
- 经常与同事讨论幼儿及其家庭的需求。

关键养育理念

- 高品质保育中心重视与幼儿家庭的合作伙伴关系。
- 高品质早教项目致力于不断进步。
- 高品质早教中心雇用高品质的员工，为满足幼儿的兴趣和成长需求不断改进学习环境。

思考与应用

1. 列举你可以做的三件与幼儿父母合作、共同提高幼儿高品质保育的事情。
2. 如何兼顾语言和文化背景不同的幼儿？
3. 为自己制订一份专业发展计划。
4. 列举三件你能做的、可以整合幼儿不同学习领域的事。

· 术语表 ·

矛盾型依恋（**ambivalent attachment**）：是父母与孩子之间的一种情感纽带，在这种纽带中，幼儿不能确定父母是否会保护或支持他。具有矛盾型依恋的幼儿有时非常依恋父母，有时竭力躲避父母。

依恋（**attachment**）：是约翰·鲍尔比（John Bowlby）提出的父母与孩子之间的情感互动纽带。鲍尔比相信高品质的依恋关系是儿童安全感的基础，也是一个人在一生中与他人建立信任关系的基础。

回避型依恋（**avoidant attachment**）：是父母与孩子之间的一种情感纽带，在这种纽带中，幼儿不会向父母寻求舒适或安全感。幼儿认为父母不会保护或支持他，会刻意避免接近父母，不会因为父母不在身边哭闹或者难过。

轴突（**axon**）：神经末梢上的长条状纤维，将信息传递给其他神经元的树突。

照料者（**caregiver**）：除父母或监护人以外，照看幼儿的成年人。

儿童日常生活报告（**child's daily report**）：照料者提供给父母的儿童日常生活记录。报告通常包括幼儿的进食情况、午睡时间以及换尿布的频次等信息，还包括照料者处理有特殊需求的幼儿的健康与饮食的相关信息。这些记录是追踪幼儿发展状况的依据，可以让家庭确信他们的孩子受到了持续一致的保育与照料。

认知发展（**cognitive development**）：是神经科学的一个研究领域，主要关注儿童的智力发展。认知发展包括儿童不断提高的信息处理能力、概念化能力、感知能力以及语言应用能力，等等。

认知发展理论（**cognitive development theory**）：是皮亚杰关于儿童积极参与自身学习的理论。他认为，每个幼儿都是一个小科学家，（通过游戏）不断测试自己获得的事物运行原理，并把学到的新知识与已有的或已经接受的知识相结合。

概念词汇（**concept word**）：表示认知概念的词，如表达因果、时间或空间等方面的词。

具体运算阶段（**concrete operational stage**）：皮亚杰认知发展理论的第三个阶段。这个阶段一般发生在 7—11 岁，特点是儿童对逻辑的适当运用（例如根据他人的描述对事物进行分类或观察）。

树突（**dendrite**）：神经元胞体伸出的较短而分支多的突起，接受来自其他细胞的冲动。

成长力（developmental competencies）：幼儿在所有发展领域持续进行技能学习并取得进步的能力。

发育迟缓（developmental delay）：儿童未能达到当下年龄段典型发展里程碑的现象。

发展适宜性实践（developmentally appropriate practice，DAP）：是幼儿教育领域的一种教学观点，包括儿童社会性－情绪发展、体能发展和认知发展领域的教学实践。发展适宜性实践强调（1）照料者对幼儿的保育和判断要与儿童的发展特点相适应；（2）要通过现实状况评估判断儿童的个人优势和弱势；（3）要参考幼儿生活的社区、家庭历史和家庭结构等文化背景以确定对幼儿的保育策略。

发展里程碑（developmental milestone）：父母和专业人员监测幼儿的学习状况，以及行为和发育状况的参考指标。

对话式阅读（dialogic reading）：是一种儿童积极参与的阅读形式。在阅读过程中，幼儿会询问并回答与阅读内容相关的问题，自主翻动书页，会用自己的话复述故事。

混乱型依恋（disorganized attachment）：是父母与孩子之间的一种情感纽带，在这种纽带中，幼儿的行为与父母的行为没有因果关系，与父母的行为和反应不匹配，有时显得怪诞和莫名其妙。被伤害的儿童，包括被严重虐待、被忽视和孤立等的儿童，很容易形成混乱型依恋。混乱型依恋的幼儿和他人建立亲密的爱的关系非常困难。

早期干预（early intervention）：一种用来识别儿童发育迟缓并在早期实施干预措施，解决发育迟缓的过程。

生态系统理论（ecological systems theory）：是尤里·布朗芬布伦纳提出的一种儿童发展理论，他认为儿童发展是一个生态系统，在该系统中，随着时间的推移，儿童建立起多层次关系。该模型包括四个层次或系统：微观系统、中间系统、外部系统和宏观系统。

外部系统（exosystem）：尤里·布朗芬布伦纳的生态系统理论中的一个层次，在这个层次上，儿童日常互动的范围非常广泛，包括他的邻里、大家庭以及父母的工作单位。

表达性语言（expressive language）：任何有助于婴儿为满足自己的需求与成年人进行交流的方式。表达性语言包括啼哭、咕咕说话和咿呀学语等。

生长发育停滞（failure to thrive）：幼儿对周围环境缺乏兴趣，成长停滞，体重未能增加，或未能达到发展里程碑。

精细动作技能（fine-motor skill）：儿童的小肌肉技能，例如抓握物体、转动旋钮或按钮的能力。

形式运算阶段（formal operational stage）：是皮亚杰认知发展理论的最后阶段。这个阶段出现在青春期或成年期，以抽象思维为特征。

神经胶质细胞（**glial cell**）：一种以髓鞘包裹轴突，为神经元提供支持的细胞。

吻合度（**goodness of fit**）：儿童与照料者之间，以及儿童对环境的要求以及环境本身之间的吻合程度。

大动作技能（**gross-motor skill**）：儿童大肌肉的技能，如爬行、坐立和走路的能力。

家园连接（**home-school connection**）：儿童保育中心与儿童家庭之间的关系。他们之间强有力的连接建立在相互信任的基础上，共同承诺为幼儿提供最好的保育服务。

学习环境（**learning environment**）：进行学习活动的环境。学习环境应该支持儿童不同的个性和发展阶段需求，采用通用学习设计原则，使每个儿童的学习风格和能力都得到满足。

限制最少环境（**least-restrictive environment**）：在美国残疾人教育法中，这项原则认为每一个儿童都应该有机会参与所有的活动，无论在室内还是室外都可以使用所有学习材料。

有经营资质的学前保育中心（**licensed early care center**）：是美国国家许可的儿童保育机构（包括营利性或非营利性机构）。这些保育中心依照美国国家标准，提供标准化和规范化的幼儿保育服务。

有经营资质的家庭式儿童保育中心（licensed family child care home）：是美国国家许可的家庭照料场所。这些场所遵循美国州政府的相关标准，在家庭为儿童提供安全健康的照料环境。

宏观系统（macrosystem）：尤里·布朗芬布伦纳的生态系统理论中的一个层次，包含儿童所处的一切外部环境，包括价值观、信仰、习俗、文化和法律等。

数学意识（mathematical awareness）：幼儿识别物体、为物体分组以及分类的技能，包括数字意识。

心理表征（mental representation）：虽然没有看见实物，却在心理呈现的事物图像。

中间系统（mesosystem）：是尤里·布朗芬布伦纳的生态系统理论中的一个层次，是处于微观系统中的两个事物（如保育中心与家庭、保育中心与社区、家庭与社区）之间的关系或联系。

微观系统（microsystem）：是尤里·布朗芬布伦纳的生态系统理论中的一个层次，是儿童所处的最直接的环境和关系，如儿童与父母、兄弟姐妹、教师及同龄人的关系。

不信任的形成过程（mistrust-building sequence）：儿童和成年人之间的一系列导致儿童形成不信任的互动过程。儿童感到紧张，发出需求信号，但是成年人对此没有采取任何措施消除紧张的根源，不信任就开始产生了。无反应或延迟反应使儿童更加紧张和痛苦，最终导致儿童产生不信任感。

髓鞘化（**myelination**）：是轴突被髓鞘包裹的过程。这个过程在出生前就开始了，并持续到青春期。

髓鞘（**myelin sheath**）：包裹轴突并提高轴突上信息处理速度的物质。

先天影响（**nature influence**）：生物因素对个人的影响。

神经递质（**neural transmitter**）：一种化学物质，通过突触从一个神经元的轴突传递到另一个神经元的树突。

神经元（**neuron**）：传递神经冲动的细胞。

后天影响（**nurture influence**）：后天养育、身体健康状况以及生活环境对个人的影响。

客体永久性（**object permanence**）：物体虽然看不见却仍然存在的概念。

大月龄婴儿（**older infant**）：6—12 个月大的幼儿。

大月龄学步儿（**older toddler**）：24—36 个月大的幼儿，也叫

2 岁儿童。

感知觉发展（**perceptual development**）：儿童通过各种感官感知世界的能力。从 0—3 岁，儿童通过吸收周围一切事物的感官印象，迅速掌握自己的感觉。

个人养育理念声明（**personal caregiving philosophy statement**）：儿童保育专业人士关于自己为什么进入幼儿教育领域，以及希望如何加深自己对幼儿的承诺的声明。这份声明还包括照料者的个人保育优势，以及他与幼儿一起工作的乐趣和担忧。

捏取（**pincer grasp**）：用拇指和食指围成一个圆圈，以便捏起两指之间的物体。

可塑性（**plasticity**）：大脑轻松改变和适应的能力。

前运算阶段（**preoperational stage**）：是皮亚杰认知发展理论的第二个阶段。儿童通常在 2 岁左右进入这个阶段，这时儿童开始使用符号——包括字词、物体特征、图片和模型——表达物体和事件。这个阶段的幼儿开始掌握推理，衍生出不可思议的信念，对事情发生的原因表现出越来越大的兴趣。

基础保健（**primary care**）：是最佳儿童保健不可或缺的部分，包括给幼儿喂奶、换尿布、摇动幼儿、用话语安慰幼儿、鼓励幼儿参与活动等。

基础保育员（**primary caregiver**）：为儿童提供基础的、个性化保育的成年人。

接受性语言（**receptive language**）：大月龄的婴儿或学步儿倾听和理解自己所听内容的能力，幼儿能用语言说话之前已经形成接受性语言能力。

心理弹性（**resiliency**）：适应和克服困难的能力。心理弹性由诸多社会性－情绪技能组成，包括强烈的自我意识、与成年人和同龄人的亲密关系、共情、关心与分享的能力等。儿童的心理弹性在不断适应生活的变化和挑战中得到发展，发展过程贯穿整个童年。

回应式照料者（**responsive caregiver**）：是照顾 0—3 岁儿童的成年人；与儿童家人密切合作；在成年人与儿童之间建立安全依恋和亲密关系方面起着至关重要的作用；帮助儿童获得四大发展领域的技能。

回应式学习环境（**responsive learning environment**）：是一个值得信任、具有包容性、可以确保人身安全的学习场所。

回应式保育项目（**responsive program**）：是一种值得信任、具有包容性、可以确保人身安全的儿童保育项目，符合政府相关政策和保育实践的要求，以确保保育项目中的人和物的健康安全为己任。

角色混乱（**role confusion**）：无法识别自己的个人价值观和信仰。

脚手架式帮助（**scaffolding**）：在儿童获得学习能力、构建完成任务的专门知识的过程中逐渐撤回帮助的方法。脚手架方法是维果茨基的社会文化理论的一个应用。

二级照料者（**secondary caregiver**）：除了基础保育员，花大量时间陪伴幼儿成长的人。

安全型依恋（**secure attachment**）：是一种亲子情感纽带，在这种纽带中，幼儿在父母面前自信且满足。有安全依恋的幼儿只要父母在身边，就会感到安全，并相信可以随时得到父母的照顾和支持。只有当他感到危险、需要被保护或者不舒服时，才会寻求父母的陪伴。

安全关系（**secure relationship**）：在这种关系中，人会感到安全、被尊重、受重视、被信任。

自我管理（**self-regulation**）：儿童运用自己的认知，控制情绪和行为的能力。

自我意识（**sense of self**）：幼儿对自己的性别角色、种族身份、与他人的关系等的认识。培养健康的自我意识是社会性 – 情绪发展的一个重要环节。

感知运动阶段（**sensorimotor stage**）：皮亚杰认知发展理论的第一个阶段。在这个阶段，0—2 岁的儿童的认知技能发展主要通过感觉探索和运动进行。

社会性－情绪发展（**social-emotional development**）：儿童逐渐增强的辨别、调节和表达自己情感的能力，以及对他人的关心和共情。

社会文化理论（**sociocultural theory**）：由维果茨基提出，关于环境对儿童发展产生的影响的理论。他的理论强调，儿童所处的文化深深地影响着儿童的信仰、技能和习俗的形成。

空间意识（**spatial awareness**）：理解物体相对于其他物体的位置的能力。

婴儿猝死综合征（**sudden infant death syndrome，SIDS**）：健康的婴幼儿在睡眠期间停止呼吸造成的意外死亡；造成 SIDS 的原因目前尚未知晓。

象征性游戏（**symbolic play**）：一种需要运用心理表征的儿童游戏。象征性游戏是抽象推理和更高级的认知技能的基础。

突触（**synapse**）：两个神经细胞之间的间隙。

突触修剪（**synaptic pruning**）：去除未使用的神经通路的过程。

白板（**tabula rasa**）：拉丁语，意思是"空白的石板"，这个术语由约翰·洛克提出，他认为新生儿的大脑是一块即将被生活经历填满的白板。现在，人们普遍认为这个理论是错误的。

触点法（Touchpoints approach）：一种由布雷泽顿提出的保育方法。这种方法确定了高品质早期教育的关键节点，倡导并推行儿童发展方面的专业教育和培训，并强调护理的连续性和积极的师生关系。

信任的建立过程（trust-building sequence）：是儿童和成年人之间的一系列可以建立起信任的互动。信任的建立从婴儿感到紧张并发出需求信号开始，成年人做出满足婴儿需求的回应，婴儿感觉到被爱、被关照，形成对成年人的信任。

通用学习设计（universal design for learning，UDL）：创建支持儿童个性化学习风格和能力的学习环境，使每个儿童都能进行适合自己特点的学习活动。

发声（vocalization）：儿童发出的任何声音，这些声音可能是真正地讲话，也可能不是。

小月龄婴儿（young infant）：0—6 个月大的婴儿。

低幼学步儿（young toddler）：12—24 个月大的幼儿。

最近发展区（zone of proximal development）：维果茨基提出的术语，在这个时期，儿童还没有完全掌握一项技能，但在他人的帮助下可以完成任务。

· 参考文献 ·

Berk, Laura E. 2008. *Infants and Children Prenatal through Middle Childhood*. 6th ed. Boston: Allyn and Bacon.

Brazelton, T. Berry. 2012. "Vision, Mission, Goals." Brazelton Touchpoints Center. Accessed March 9. www.brazeltontouchpoints.org/about/vision.

Brazelton Touchpoints Center. 2007. *A Review of the Early Care and Education Literature: Evidence Base for Touchpoints*. Boston: Brazelton Touchpoints Center.

CAST (Center for Applied Special Technology). 2012. "About UDL." Accessed June 14. www.cast.org/udl /index.html.

CDC (Centers for Disease Control and Prevention). 2012. "Autism Spectrum Disorder (ASDs): Facts about ASDs." Last modified March 29. www.cdc. gov/ncbddd /autism/facts.html.

Churchill, Susan L. 2003. "Goodness-of-Fit in Early Childhood Settings." *Early Childhood Education Journal* 31 (2): 113–18.

Dodge, Diane T., Sherrie Rudick, and Kai-leé Berke. 2006. *Creative Curriculum for Infants, Toddlers and Twos*. 2nd ed. Washington, DC: Teaching Strategies.

Erikson, Erik H. 1963. *Childhood and Society.* New York: W. W. Norton and Company.

Feldman, Robert S. 2007. *Child Development.* 4th ed. Upper Saddle River, NJ: Pearson Education.

First Signs. 2012. "Red Flags." Last modified January 11. www.firstsigns.org/concerns/flags.htm.

Harlow, Harry F. 1958. "The Nature of Love." *American Pyschologist* 13: 573–685.

Harms, Thelma, Debby Cryer, and Richard M. Clifford. 2006. *Infant/Toddler Environment Rating Scale.* Rev. ed. New York: Teachers College Press.

———. 2007. *Family Child Care Environment Rating Scale.* Rev. ed. New York: Teachers College Press.

Kail, Robert V. 2007. *Children and Their Development.* 4th ed. Upper Saddle River, NJ: Prentice Hall.

Meltzoff, Andrew N., and M. Keith Moore. 1997. "Explaining Facial Imitation: A Theoretical Model." *Early Development and Parenting* 6: 179–92.

Mercer, Jean. 2010. "Dr. Stanley Greenspan's Legacy." *Child Myths* (blog), *Psychology Today,* May 2. www.psychologytoday.com/blog/child.

NAEYC (National Association for the Education of Young Children). 2008. *Teacher-Child Ratios within Group Size.* Washington, DC: NAEYC. www.naeyc.org /files/academy/file/Teacher-Child_Ratio_Chart _9_16_08. pdf.

———. 2009. *Where We Stand on Responding to Linguistic and Cultural Diversity.* Washington, DC: NAEYC. www .naeyc.org/files/naeyc/file/positions/diversity.pdf.

———. 2011. "Parent-Teacher Relationships." NAEYC. Accessed January 1.

www.naeyc.org/families/PT.

NAEYC and NAECS/SDE (National Association for the Education of Young Children and National Association of Early Childhood Specialists in State Departments of Education). 2003. *Early Childhood Curriculum, Assessment, and Program Evaluation: Building an Effective Accountable System in Programs for Children Birth through Age 8.* Washington, DC: NAEYC. www.naeyc.org/files/naeyc/file/positions/pscape.pdf.

NICHD (National Institute of Child Health and Human Development). 2005. "Safe Sleep for Your Baby: Reduce the Risk of Sudden Infant Death Syndrome (SIDS)." Last modified August 13, 2009. www.nichd .nih.gov/ publications/pubs/safe_sleep_gen.cfm.

Olds, Anita. 2001. *Child Care Design Guide.* New York: McGraw-Hill.

Patterson, Charlotte J. 2009. *Infancy and Childhood.* New York: McGraw-Hill.

Piaget, Jean. 1973. *The Child and Reality: Problems of Genetic Psychology.* New York: Grossman Publishers.

PITC (Program for Infant/Toddler Care). 2012. "PITC's Six Program Policies." Accessed June 11. www.pitc.org /pub/pitc_docs/about.html.

PBS (Public Broadcasting Service). 2011. "Early Learning: Speaking Parentese." PBS Parents. Accessed June 27. www.pbs.org/parents/ earlylearning/parentese.html.

Singer, Jayne. 2007. "The Brazelton Touchpoints Approach to Infants and Toddlers in Care: Foundation for a Lifetime of Learning and Loving." *Dimensions of Early Childhood* 35 (3): 4–10.

Thomas, Alexander, Stella Chess, and Herbert G. Birch. 1970. "The Origin of Personality." *Scientific American* 223 (2): 102–9.